数理統計の探求

——経営的問題解決能力の開発と論理的思考の展開——

星野 満博 著
西﨑 雅仁

晃 洋 書 房

はしがき

　ビジネスの世界で成功を修めた人たちの身につけている能力とはどのような能力であろうか．最近の企業が求める人材として求められている能力にヒントがあると思われる．その能力とは「問題発見能力」「問題解決能力」「論理的思考能力」「コミュニケーション能力」などの能力が求められている．では，こういった能力はどうしたら身につけることができるのであろうか．特に前述の3つの能力については，「数学」や「統計学」を学ぶことによりその基礎的な能力は身につけることができるのでないだろうか．なぜなら，経営の問題とはほとんどが，解答がない問題であり，絶えず新しい問題に直面することになる．また，与えられた問題を解決するだけでなく，自ら新しい問題に挑戦し，その問題を解決すると同時に企業価値を高めるために絶えず付加価値を創造していく世界だからである．

　ここで役に立つのが数学的なものの考え方や見方である．数学的なものの考え方では，問題を正確に把握することから始まり，その問題をモデル化(数学では数式化)し，検証(数学では数値をあてはめる)していく過程が，問題を解決(数学では正解を導く)するプロセスと同じように論理的なプロセスを経なければならないからである．問題解決する能力とはこういったプロセスを訓練することによって身につけることができると考えられる．また，論理的に物事を説明しようとする場合や客観的データに基づいて証明しようとする場合「統計学」の手法が必要となる．なぜなら，統計学の手法を使ってデータの特徴を分析するためには，視角化することが必要である．まず，その基礎となるデータを作り，その客観的データを基にして自分の考え方や理論を展開することで，より説得力のある論理展開ができるからである．

　「知識」は蓄えることができる個別のデータであり，特定の分野で定型的な仕事を遂行するために便利なものであるが，経営問題のように環境が変化し解答がないような問題を解決するには，「知恵」が必要である．「知恵」とは環境や条件が急激変化したときに，その環境に即応して迅速に適応し対応できる能力であり，自ら判断して自立的に環境に適応していく能力である．「なぜだろう？」「どうしてだろう？」という疑問を持ち続けて物事の本質を見つけてもらいたい

と思う.

　本書はできるだけ，コンピュータで処理できるブラックボックス化された計算方法を詳細に示すことにより，自ら解答を導き出せるようにしてある．自ら解答を導き出すことを願っている．

　本書出版にあたり，貴重な時間を割いて協力していただいた，名古屋工業大学大学院工学研究科の川村大伸氏にお礼申し上げる．また出版を快くご承知いだいた晃洋書房編集部丸井清泰氏のご配慮に感謝の意を表したい．

　　平成19年11月30日

西﨑雅仁・星野満博

目次

はしがき

第1章 統計的なものの見方・考え方 ………………………… 1
  1.1 集団から特徴をつかむ （1）
  1.2 統計学の手法 （2）
  1.3 統計データの要素 （3）

第2章 データの整理と代表値 ………………………………… 7
  2.1 データ・変量 （7）
  2.2 1次元データと代表値 （9）
  2.3 2次元データと代表値 （15）
  2.4 回帰直線・相関係数 （18）

第3章 確率と確率変数 ………………………………………… 27
  3.1 確率論の考え方と期待値 （27）
  3.2 集合 （28）
  3.3 確率 （29）
  3.4 確率変数 （34）
  3.5 期待値 （40）
  3.6 モーメント母関数と特性関数 （47）

第4章 基本的な確率分布 ……………………………………… 55
  4.1 確率分布の考え方 （55）
  4.2 基本的な確率分布(離散型) （55）
    4.2.1 二項分布 （55）
    4.2.2 ポワソン分布 （59）
    4.2.3 幾何分布 （64）
  4.3 基本的な確率分布(連続型) （65）
    4.3.1 一様分布 （65）
    4.3.2 正規分布 （67）
    4.3.3 指数分布 （71）

第 5 章　2 変数の確率分布　　77

5.1　2 変数の確率分布　(77)
5.2　同時確率分布・周辺確率分布と独立性　(78)
5.3　2 変数の確率分布の期待値・分散・共分散　(89)

第 6 章　大数の法則・中心極限定理・統計量　　99

6.1　大数の法則・中心極限定理・統計量　(99)
6.2　チェビシェフ(Chebyshev)の不等式　(100)
6.3　大数の法則・中心極限定理　(103)
6.4　統計量　(114)

第 7 章　区 間 推 定　　119

7.1　点推定と区間推定　(119)
7.2　χ^2 分布・t 分布　(119)
7.3　区間推定　(123)

第 8 章　仮 説 検 定　　129

8.1　検定　(129)
8.2　母平均の検定　(131)
8.3　適合度の検定　(142)
8.4　χ^2 分布による独立性の検定　(143)
8.5　グループ間の差の検定　(146)
　　8.5.1　グループ間の差の検定(対応がある場合)　(147)
　　8.5.2　グループ間の差の検定(対応がない場合)　(150)

第 9 章　重回帰分析　　161

9.1　重回帰分析　(161)
9.2　重回帰分析(目的変量・説明変量)　(161)
9.3　重回帰式　(163)
9.4　分散共分散行列・相関行列　(165)
9.5　偏回帰係数　(170)
9.6　分散分析表　(172)
9.7　重回帰分析の精度　(175)

演習問題解答　(177)
付　　表　(187)

第1章 統計的なものの見方・考え方

統計的なものの見方とは，どういったものの見方であろうか．われわれが日常生活を送る上で，無意識のうちにさまざまな意思決定を行っている．その意思決定は，自分の経験やいろいろな情報をもとに意思決定を行っているのである．その情報の中には，統計的な情報がたくさん含まれている．「数字は人を騙さない．人が数字を使って騙すのだ」とう言葉があるように，データは正確に読み取る必要があり，このデータを自分で統計的に加工，分析できるようになれば，ビジネスの世界においてもこれほど強い武器はない．

1.1. 集団から特徴をつかむ

「経営学」と「経済学」との違いは何かという質問をよく受ける．「経済学」を経済社会＝森としてとらえるとすれば，「経営学」はその森を構成する「木」ととらえればよい．森には大小さまざまな木が生えており，その森を支えているのが木である．

図 1.1: 木(企業)を見て森(経済)を見ず

日経平均株価という言葉を聞いたことがあると思う．日経平均株価（日経平均）とは日本の株式市場を代表する株価指数である．50年に及ぶ歴史があり，内外の投資家や株式市場関係者に最もよく知られている．終戦直後の1ドル＝360円の為替レートにちなんだ「1ドル相場」，1965年（昭和40年）の証券不況での「1,200円攻防戦」，バブル絶頂期の史上最高値3万8,915円など，日本経済の歴史は日経平均を抜きには語れない．日経平均株価は「ダウ式平均」によって算出する指数である．基本的には225銘柄の株価の平均値であるが，分母（除数）の修正などで株式分割や銘柄入れ替えなど市況変動以外の要因を除去して指数値の連続性を保っている．

指数算出の対象となる225銘柄は東京証券取引所第1部上場銘柄から流動性・業種セクターのバランスを考慮して選択しており，株式市場の動向を敏感に伝えている．先ほどの例でいえば，業種または個別企業にとって業績が良い企業もあり，また業績の悪い企業もある．その個別の企業を分析するのが，経営学であり「木を見て森を見ず」という言葉があるように，業界・企業全体（企業集団）を把握しなければ，日本全体の経済状況を把握することができない．従って経済学と経営学は切っても切れない関係がある．そこで，その経済学と経営学の視点を含めて統計学を学んでいこう．

1.2. 統計学の手法

統計学とは，数学的な根拠をもとに事象が事柄を科学的に推論するために数値情報を集めて加工，分析しそれらの結果から法則性を導き出すための技術である．ビジネスの世界においては，マーケティングの分野での市場分析，日本の高い高品質を支えている製造業における品質管理などが特に重要な手法になっている．統計学の分析手法の手順は，まず，分析の対象となるデータの集団（母集団）から数学的に正しい方法で，正しい推論を行って正しい結果を出すことである．

現在のコンピュータの発達した時代では，すべて計算はコンピュータが行ってしまい，その原理がブラック・ボックス化されている．しかし原理を知らずにパソコンによる計算結果だけに満足して，統計や統計手法を活用しても意味がない．必ずそのブラック・ボックスの中身（原理）を理解しておかなければ，自分の武器として説得力のある分析結果を導き出すことができない．また本当

に正しい方法だったのかどうか確かめることもできない．

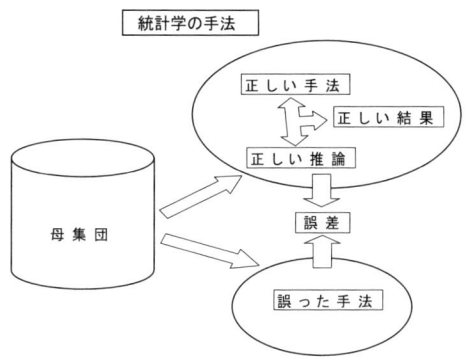

図 1.2: 統計学の手法

1.3. 統計データの要素

統計学はデータを元に分析・加工する技術であるが，(1) データ範囲，(2) データ性質，(3) データの段階という３つの視点が重要である．

（１）　データの範囲

母集団のすべてのデータを収集して分析する方法を全数調査という．しかし，すべての母集団についてのデータを収集することは，現実的に不可能である．そこで，その母集団の中から一部のデータを取り出し，母集団の特徴や性質を推測する方法が取られる．この時，選ばれたデータのことを標本といい，こうした調査方法を標本調査という．

（２）　データの性質

データには「定性的（質的）データ」と「定量的（量的）データ」の２種類がある．定性的データとは「性別（男/女）」「季節（春/夏/秋/冬）」「天気（晴/曇り/雨）」など直接数値で表せないものである．一方，「定量的データ」とは「個数」「温度」「重さ」「長さ」などでその性質を数値で表せるものである．しかし，定性的データも統計的に扱うことが可能である．たとえば，男・女を「男＝ 1，女＝ 0」で表せば，数値として分析することが可能になる．この考え方をダミー

変数と呼んでおり統計学には重要な変換である.
　（3）　データの段階
　調査によって収集したデータを「原データ」という．しかし原データを得るためには調査に時間と費用がかかるし，自分で集めることが困難なデータも存在する．そのような場合，すでに公的機関や企業によって公表され，統計処理されたデータを用いることもできる．このようなデータは統計資料といわれている．さらに，統計資料の中でもあらかじめ統計資料を作る目的で調査が行われ，その結果を集計したものを「第一義統計」といい，もともと統計資料を作成する目的でない資料を集計したものを「第二義統計」という．

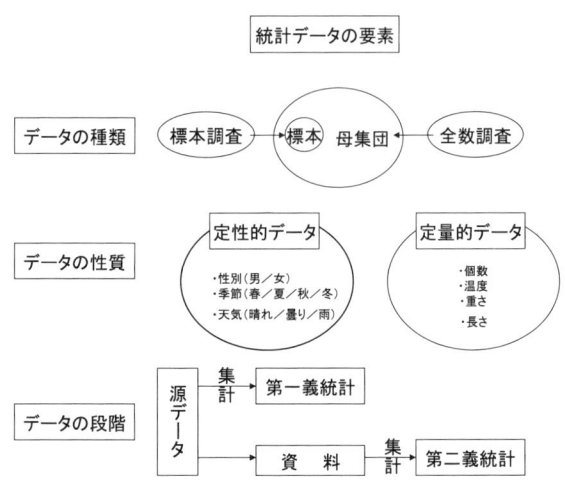

図 1.3: 統計データの要素

　（4）　統計学の分類
　統計学には「記述統計学」と「推測統計学」の2つの方法論がある．まず，母集団のすべての要素に関してデータを収集し，大量のデータを整理しその中から一般的な法則性を見出す方法，これを記述統計という．従って，全数調査は記述統計に基づいていることになる．これに対して，推測統計学は，全数調査をする時間と労力を節約するために母集団の一部を抽出してその一部を調べ

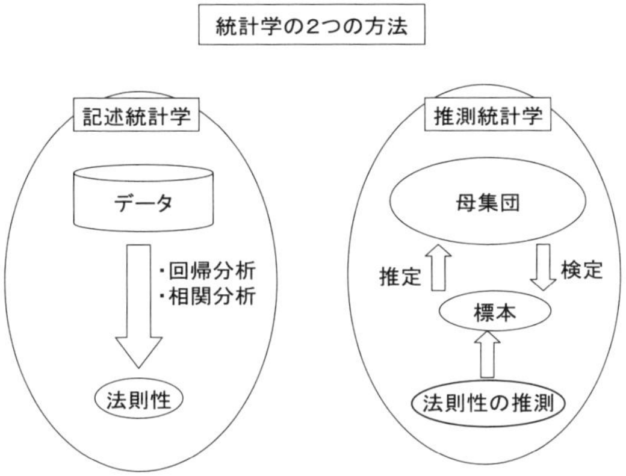

図 1.4: 統計学の2つの方法

ることによって，全体を推測する方法である．

　この推測統計学は，現象が一定の確率に従うという確率論を前提にしており，標本調査は推測統計学を使用することになる．また，記述統計学はデータとデータの関係性を分析する方法であり，推測統計学は標本から法則性を推測する手法であると同時にその結果が現実にあてはまっているかどうか立ち返って調べる方法でもある．

【練習問題】
1. 統計学は，なぜ必要であるか説明しなさい．
2. 標本と母集団はどう違うか例をあげて説明しなさい．
3. 統計学の2大区分とは何ですか，その特徴と使用例を説明しなさい．

第2章 データの整理と代表値

2.1. データ・変量

　質的変量（定性的データ）には「名義尺度」と「順序尺度」がある．名義尺度とは単に区別するために用いられている尺度である．例えば，性別で男性・女性，それぞれ $1, 2$ と数値に対応させたもので，これらの変数の平均値を求めてもまったく意味がない．また順序尺度とは大小関係にのみ意味がある尺度である．例えば，治療効果の判定において，悪化・不変・改善を，それぞれ $-1, 0, 1$ と数値に対応させたもので平均値は定義できないが中央値は定義できる．

　これに対して，量的変量（定量的データ）には「間隔尺度」と「比例尺度」とがある．間隔尺度とは数値の差のみに意味がある尺度であり「距離尺度」とも呼ぶ．順序尺度の性質も備えている．例えば，温度が $10°C$ から $15°C$ になったときに 50% の温度上昇があったとは言わない．温度が $10°C$ から $15°C$ になったときも $100°C$ から $105°C$ になったときも，ともに $5°C$ の温度上昇である．そして，$5°C$ という数値には意味がある．次に比例尺度とは数値の差とともに数値の比にも意味がある尺度であり，「比尺度」とも呼ぶ．順序尺度・間隔尺度の性質も備えている．例えば，体重は $50kg$ から $60kg$ になった時と $100kg$ から $110kg$ になった時では，同じ $10kg$ の増加であっても，前者は 20% 増，後者は 10% 増である．また，比が定義できるということは絶対零点を持つことと同じことを表している．

---------- 変量 ----------

	目的変量	説明変量		
データ番号	変量 1	変量 2	変量 3	変量 4
1	25.3[m]	17.1[°C]	3[位]	A[組]
2	23.2	16.5	5	C
3	26.8	15.2	2	B
4	26.3	14.1	1	A
5	21.5	18.2	8	B
⋮	⋮	⋮	⋮	⋮

- 質的変量

  名義尺度 大きさ，順序の関係が定義されていない尺度．グループ名，性質名など．
  (男/女，Japan/U.S.A./France，赤/白/黒，□/△/○)

  順序尺度 順序関係があるが，前後の値の差 (間隔) に意味をもたない尺度．
  (大/中/小，3 位/2 位/1 位，好き/普通/嫌い)

- 量的変量

  間隔尺度 順序関係と前後の値の差 (間隔) が定義されている (差に意味がある) 尺度．
  (0 点/50 点/100 点，0°C/10°C/20°C，1980 年/1990 年/2000 年)

  比例尺度 (比率尺度) 順序関係，前後の値の差 (間隔) および比 (定数倍) が定義されている (差，定数倍に意味がある) 尺度．
  ([m],[Kg],[秒] などの物理量，同等なものの個数，貨幣単位 [円, ドル])

目的変量・説明変量

いくつかの変量の値から，ある変量の値を予測する場合，あるいは，変量間の因果関係を調べる場合，その役割によって分類したときに以下のように呼ぶ．

目的変量 予測したい値 (変量)．結果を表す値 (変量)．

説明変量 予測するために用いる値 (変量)．原因を表す値 (変量)．

2.2. 1 次元データと代表値

データがどのように分布しているか整理するのによく使われる方法に「度数分布表」がある．度数分布表とはある観測値（原データ）いくつかの階級に分け，観測値を小さいほうから並び変え，それぞれの階級で度数がいくつあるか数えて表にしたものである．その表をグラフにしたものが，ヒストグラムである．

度数分布表（離散型）

変量の値	x_1	x_2	$\cdots$	x_n	計
度数	f_1	f_2	$\cdots$	f_n	N
相対度数	$\frac{f_1}{N}$	$\frac{f_2}{N}$	$\cdots$	$\frac{f_n}{N}$	1
累積度数	f_1	f_1+f_2	$\cdots$	$f_1+f_2+\cdots+f_n$	
相対累積度数	$\frac{f_1}{N}$	$\frac{f_1+f_2}{N}$	$\cdots$	$\frac{f_1+f_2+\cdots+f_n}{N}$	

---------- 度数分布表（連続型）----------

階級	$a_0 \sim a_1$	$a_1 \sim a_2$	$\cdots$	$a_{n-1} \sim a_n$	計
階級値	$\frac{a_0+a_1}{2}$	$\frac{a_1+a_2}{2}$	$\cdots$	$\frac{a_{n-1}+a_n}{2}$	
度数	f_1	f_2	$\cdots$	f_n	N
相対度数	$\frac{f_1}{N}$	$\frac{f_2}{N}$	$\cdots$	$\frac{f_n}{N}$	1
累積度数	f_1	f_1+f_2	$\cdots$	$f_1+f_2+\cdots+f_n$	
相対累積度数	$\frac{f_1}{N}$	$\frac{f_1+f_2}{N}$	$\cdots$	$\frac{f_1+f_2+\cdots+f_n}{N}$	

例 2.1 サイコロを 20 回振って，各回にでた目を調べたところ，

$$1, 5, 6, 3, 3, 2, 6, 4, 2, 4, 1, 1, 6, 5, 2, 3, 2, 4, 6, 1$$

であった．度数分布表は次のようになる．

変量の値（出た目）	1	2	3	4	5	6	計
度数（回数）	4	4	3	3	2	4	20
相対度数	0.2	0.2	0.15	0.15	0.1	0.2	1
累積度数	4	8	11	14	16	20	
相対累積度数	0.2	0.4	0.55	0.7	0.8	1	

□

データの特性をあらわす指標として代表値と散布度がある．代表値では平均値，中央値，最頻値を，散布度では範囲，四分位偏差，分散，標準偏差がある．

(1) 代表値

①平均値 $\bar{x}$

平均値とはデータのすべてを加算して，その合計の値をデータの個数で除したものである．平均値 $\bar{x}$ (エックスバー) の計算式は以下の通りです．Σ はシグマとよび，数列の和を示す．

$$\bar{x} = \frac{1}{N}(x_1 + x_2 + \cdots + x_N) = \frac{1}{N}\sum_{i=1}^{N} x_i$$

②中央値 Me（メディアン）

中央値とはデータを順番に並べた場合に，ちょうど真ん中に位置するデータである．その中央値を境にして，それよりも大きい値と小さい値が同数となる．

計算方法はデータの総数が奇数の場合には，中央値は $(N+1)/2$ 番目の値で，偶数の場合には中央値は $N/2$ 番目と $N/2+1$ 番目の平均値である．

③最頻値 Mo（モード）

最頻値とは頻度の 1 番多いデータ，すなわち 1 番よくみかけるデータを意味する．

(2) 散布度

①範囲 R（レンジ）

範囲は最大値から最小値を引いて算出できる．最も単純な方法であるが，異常値に影響を受けやすいのが欠点である．

②分散 S^2

範囲や四分位偏差が有する問題点を解決し，散布度の代表ともいえるのが分散と標準偏差である．この 2 つは個々のデータが平均値からどれくらいはなれているかに注目しています．それを偏差といい，$x_i - \bar{x}$ で表す．しかし偏差の合計は常に 0(零) になるので，その平均値は計算できない．そこでその平均値を出すために偏差に絶対値を付して計算する方法がある．これを平均偏差といい，

$$\frac{1}{N}\sum_{i=1}^{N}|x_i - \bar{x}|$$

で計算される．しかし絶対値は計算上取り扱いに難があるので，絶対値ではなく偏差の 2 乗を計算し，その平均値を導き出そうというものである．これを分散という．分散の公式は以下のように表される．

$$S^2 = \frac{1}{N}\sum_{i=1}^{N}(x_i - \bar{x})^2$$

③標準偏差 S

標準偏差は，分散に平方根をかけて計算される．これは先ほど，分散を計算する時に，便宜的に偏差を 2 乗したのを，元に戻すために行う．計算式は以下の通りである．

$$S = \sqrt{\frac{1}{N}\sum_{i=1}^{N}(x_i - \bar{x})^2}$$

代表値

N 個のデータ $x_1, x_2, \ldots, x_N$ に対して

平均値
$$\overline{x} = \frac{x_1 + x_2 + \cdots + x_N}{N} = \frac{1}{N} \sum_{k=1}^{N} x_k$$

分散
$$s_x^2 = \frac{(x_1 - \overline{x})^2 + (x_2 - \overline{x})^2 + \cdots + (x_N - \overline{x})^2}{N} = \frac{1}{N} \sum_{k=1}^{N} (x_k - \overline{x})^2$$

標準偏差
$$s_x = \sqrt{\frac{(x_1 - \overline{x})^2 + (x_2 - \overline{x})^2 + \cdots + (x_N - \overline{x})^2}{N}} = \sqrt{\frac{1}{N} \sum_{k=1}^{N} (x_k - \overline{x})^2}$$

モード（最頻値） 度数分布表で表したときに，度数が最大となる変量の値（連続型の場合は階級の階級値）をモードという．

メディアン (中央値) データを小さい順に並べたときに中央にくる値をメディアンという．データが偶数個のときは，中央の2つの値の平均値．

これらの代表値の他に，データの個数（サンプル数），最大値，最小値等，データの特徴を表す値がある．

定理 2.1　N 個のデータ $x_1, x_2, \ldots, x_N$ に対して，分散を s_x^2 とするとき

$$s_x^2 = \frac{x_1^2 + x_2^2 + \cdots + x_N^2}{N} - (\overline{x})^2 = \frac{1}{N}\sum_{k=1}^{N} x_k^2 - (\overline{x})^2$$

が成り立つ．[1]

証明　分散の定義から

$$\begin{aligned}
s_x^2 &= \frac{1}{N}\sum_{k=1}^{N}(x_k - \overline{x})^2 \\
&= \frac{1}{N}\sum_{k=1}^{N}\left(x_k^2 - 2\overline{x}x_k + (\overline{x})^2\right) \\
&= \frac{1}{N}\sum_{k=1}^{N}x_k^2 - 2\overline{x} \cdot \frac{1}{N}\sum_{k=1}^{N}x_k + \frac{1}{N}\sum_{k=1}^{N}(\overline{x})^2 \\
&= \frac{1}{N}\sum_{k=1}^{N}x_k^2 - 2\overline{x} \cdot \overline{x} + \frac{1}{N} \cdot N(\overline{x})^2 \\
&= \frac{1}{N}\sum_{k=1}^{N}x_k^2 - 2(\overline{x})^2 + (\overline{x})^2 \\
&= \frac{1}{N}\sum_{k=1}^{N}x_k^2 - (\overline{x})^2
\end{aligned}$$

と変形できる．　□

例 2.2　ある大学の 2 つの科目における出席数とテストの結果を調べたところ，以下のようであった．

---

[1] (分散) = (2 乗の平均) − (平均の 2 乗)

2.2. 1次元データと代表値

no.	科目 A		科目 B	
	A 出席合計	A テスト得点	B 出席合計	B テスト得点
1	14	89	22	89
2	13	81	22	92
3	14	54	17	64
4	11	49	21	70
5	12	40	19	53
6	13	85	21	72
7	13	90	21	77
8	14	69	22	85
9	14	55	18	72
10	13	70	16	51
11	14	68	21	80
12	12	73	13	46
13	14	75	20	68
14	11	53	15	68
15	14	68	21	52
16	10	30	20	48
17	14	67	17	49
18	13	71	21	79
19	14	68	19	75
20	14	53	18	61
21	14	95	22	93
22	14	62	22	88
23	13	41	17	56
24	12	74	20	77
25	14	55	15	39

「A 出席合計」の基本的な代表値を求めると以下のようになる(他の変量については演習問題として残します).

代表値	A 出席合計	A テスト得点	B 出席合計	B テスト得点
データ数	25			
合計	328			
平均値	13.1200			
標準偏差	1.1426			
分散	1.3056			
最小値	10			
最大値	14			
中央値	14			

科目 A のテスト得点について，例えば，30 点から 10 点刻みで階級を定めると，次のような度数分布表とヒストグラムができる．

度数分布表 (科目 A のテスト得点)

階級	階級値	度数	相対度数	累積相対度数
30(以上)〜40(未満)	35	1	0.04	0.04
40〜50	45	3	0.12	0.16
50〜60	55	5	0.20	0.36
60〜70	65	6	0.24	0.60
70〜80	75	5	0.20	0.80
80〜90	85	3	0.12	0.92
90〜100	95	2	0.08	1.00
合計		25	1.00	

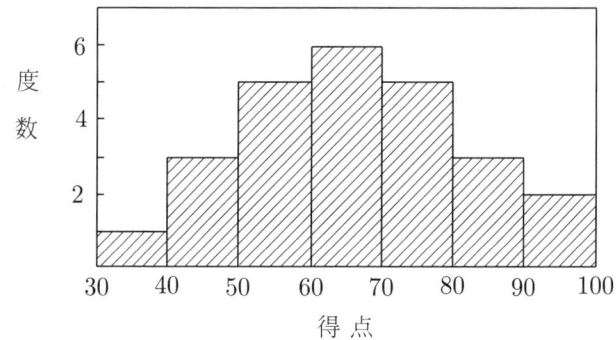

図 2.1: ヒストグラム（科目 A のテスト得点）

2.3. 2 次元データと代表値

ここでは，2 次元データ

$$(x_1, y_1), (x_2, y_2), \ldots, (x_N, y_N)$$

を取り扱う．

2.3. 2次元データと代表値

--- **代表値 (2 次元データ)** ---

N 個の 2 次元データ $(x_1, y_1), (x_2, y_2), \ldots, (x_N, y_N)$ に対して

平均値

[変量 x の平均値] $\quad \overline{x} = \dfrac{1}{N}\sum_{k=1}^{N} x_k$

[変量 y の平均値] $\quad \overline{y} = \dfrac{1}{N}\sum_{k=1}^{N} y_k$

分散

[変量 x の分散] $\quad s_x^2 = \dfrac{1}{N}\sum_{k=1}^{N}(x_k - \overline{x})^2$

[変量 y の分散] $\quad s_y^2 = \dfrac{1}{N}\sum_{k=1}^{N}(y_k - \overline{y})^2$

標準偏差

[変量 x の標準偏差] $\quad s_x = \sqrt{\dfrac{1}{N}\sum_{k=1}^{N}(x_k - \overline{x})^2}$

[変量 y の標準偏差] $\quad s_y = \sqrt{\dfrac{1}{N}\sum_{k=1}^{N}(y_k - \overline{y})^2}$

共分散

[変量 x, y の共分散] $\quad s_{xy} = \dfrac{1}{N}\sum_{k=1}^{N}(x_k - \overline{x})(y_k - \overline{y})$

REMARK 分散は非負であるが,共分散は負の値をとることもある.共分散の正負は以下の意味をもつ.各点 (x_k, y_k) と x, y のそれぞれの平均値から成る点 $(\overline{x}, \overline{y})$ との位置関係により,共分散の定義における各項 $(x_k - \overline{x})(y_k - \overline{y})$ の符号は次のようになる.

点 (x_k, y_k) の位置	$x_k - \overline{x}$ の符号	$y_k - \overline{y}$ の符号	$(x_k - \overline{x})(y_k - \overline{y})$ の符号
(I) [右上]	+	+	+
(II) [左上]	−	+	−
(III) [左下]	−	−	+
(IV) [右下]	+	−	−

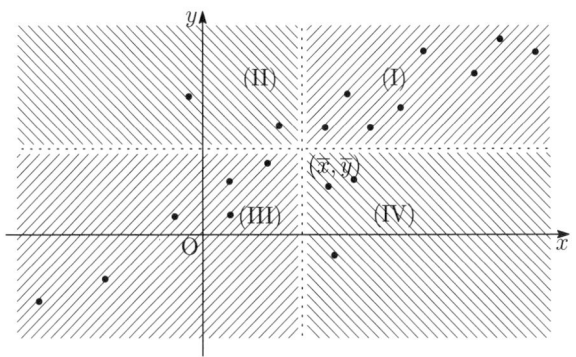

図 2.2: 点 (x_k, y_k) と点 $(\overline{x}, \overline{y})$ の位置関係

各項の符号とその大きさにより共分散の符号が決まる．(I)(III) のエリアにある点と (II)(IV) のエリアにある点を比べて，(I)(III) の和が大きければ，共分散は正になり (II)(IV) の和が大きければ，共分散は負になる．

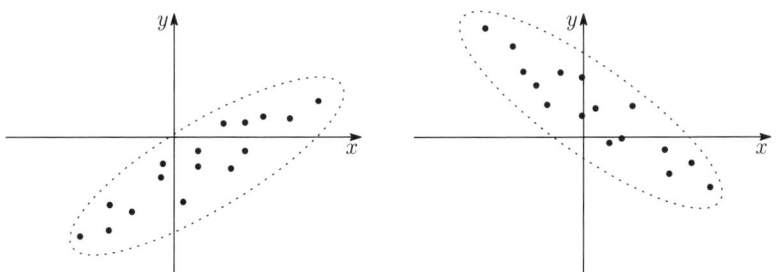

図 2.3: 右上がりの傾向がある場合，共分散が正となり（左側の図），右下がりの傾向がある場合，共分散が負になる（右側の図）． □

定理 2.2 N 個のデータ $(x_1, y_1), (x_2, y_2), \ldots, (x_N, y_N)$ に対して，共分散を s_{xy} とするとき

$$s_{xy} = \frac{x_1 y_1 + x_2 y_2 + \cdots + x_N y_N}{N} - \overline{x}\,\overline{y} = \frac{1}{N}\sum_{k=1}^{N} x_k y_k - \overline{x}\,\overline{y}$$

が成り立つ.[2]

証明 共分散の定義から

$$s_{xy} = \frac{1}{N}\sum_{k=1}^{N}(x_k - \overline{x})(y_k - \overline{y})$$

$$= \frac{1}{N}\sum_{k=1}^{N}(x_k y_k - \overline{y}x_k - \overline{x}y_k + \overline{x}\,\overline{y})$$

$$= \frac{1}{N}\sum_{k=1}^{N}x_k y_k - \overline{y}\cdot\frac{1}{N}\sum_{k=1}^{N}x_k - \overline{x}\cdot\frac{1}{N}\sum_{k=1}^{N}y_k + \frac{1}{N}\cdot N\overline{x}\,\overline{y}$$

$$= \frac{1}{N}\sum_{k=1}^{N}x_k y_k - \overline{y}\cdot\overline{x} - \overline{x}\cdot\overline{y} + \overline{x}\,\overline{y}$$

$$= \frac{1}{N}\sum_{k=1}^{N}x_k y_k - \overline{x}\,\overline{y}$$

が成り立つ. □

2.4. 回帰直線・相関係数

例 2.3 2次元データ

$$(3, 0.5),\ (4, 1.5),\ (5, 2.5),\ (6, 6.5)$$

について考える.これらを4つの点

$$P_1(3, 0.5),\ P_2(4, 1.5),\ P_3(5, 2.5),\ P_4(6, 6.5)$$

と考えたとき,この4点の近くを通る右上がりの直線が引けそうである.ここで,最も巧くフィットする直線を以下の意味と方法で求めてみよう.

直線 $l: y = ax + b$ に対して,点 P_i を通る y 軸に平行な直線と直線 l との交点を P_i' とする.このとき

$$Q = (P_1 P_1')^2 + (P_2 P_2')^2 + (P_3 P_3')^2 + (P_4 P_4')^2$$

---

[2] (共分散) = ($x \times y$ の平均) − (x の平均) × (y の平均)

が最小になるような直線 l を，（ここでは）最も巧くフィットする直線とする．

$$\begin{aligned}Q &= ((3a+b)-0.5)^2 + ((4a+b)-1.5)^2 \\ &\quad + ((5a+b)-2.5)^2 + ((6a+b)-6.5)^2 \\ &= 4b^2 + 36ab + 86a^2 - 22b - 118a + 51 \\ &= 4b^2 + (36a-22)b + 86a^2 - 118a + 51 \\ &= 4\left(b + \frac{18a-11}{4}\right)^2 + 5\left(a - \frac{19}{10}\right)^2 + \frac{27}{10}\end{aligned}$$

と計算できるので，$a = \frac{19}{10} = 1.9$, $b = -\frac{29}{5} = -5.8$ のとき最小となる．従って上の意味で最もフィットする直線は $y = 1.9x - 5.8$ となる． □

N 個の 2 次元データ

$$(x_1, y_1), (x_2, y_2), \ldots, (x_N, y_N)$$

に対して，これらを xy 平面上の N 個の点であると考えたとき，これらの点が，直線的な傾向を有する，すなわち，ある直線の近くに集まっている場合を考える．このときの一番巧くフィットする直線を求めたい．このような直線は，次のような考え方に基づき，求めることができる．

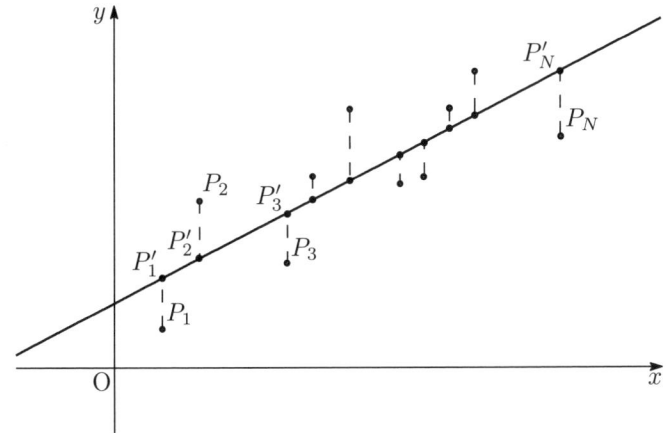

図 2.4: 最小 2 乗法

いま，点 $P_i(x_i, y_i)$ を通り y 軸に平行な直線と直線 $y = ax + b$ との交点を P_i' とする．このとき

$$Q = \sum_{i=1}^{N}(P_i P_i')^2 = \sum_{i=1}^{N}\Big\{y_i - (ax_i + b)\Big\}^2$$

を最小にするような直線 $y = ax + b$ を求めたい．y が x の関数であると考えられるとき，この直線を x に対する y の（または目的変数を y，説明変数を x とする）回帰直線という．ここで，Q は残差と呼ばれている．また，Q の式から，このような方法を最小 2 乗法という．

x, y の標準偏差に対して $s_x \neq 0, s_y \neq 0$ を仮定した場合，残差 Q は a, b の 2 次関数であり，次のように変形できる．[3]

$$\begin{aligned}
Q &= \sum_{i=1}^{N}\Big\{y_i - (ax_i + b)\Big\}^2 \\
&= \sum_{i=1}^{N}\Big\{y_i^2 + a^2 x_i^2 + b^2 - 2ax_i y_i + 2abx_i - 2by_i\Big\} \\
&= \sum_{i=1}^{N} y_i^2 + a^2 \sum_{i=1}^{N} x_i^2 + Nb^2 - 2a\sum_{i=1}^{N} x_i y_i + 2ab\sum_{i=1}^{N} x_i - 2b\sum_{i=1}^{N} y_i \\
&= Nb^2 + 2\Big(a\sum_{i=1}^{N} x_i - \sum_{i=1}^{N} y_i\Big)b + a^2\sum_{i=1}^{N} x_i^2 - 2a\sum_{i=1}^{N} x_i y_i + \sum_{i=1}^{N} y_i^2 \\
&= N\left\{b + \frac{1}{N}\Big(a\sum_{i=1}^{N} x_i - \sum_{i=1}^{N} y_i\Big)\right\}^2 - \frac{1}{N}\Big(a\sum_{i=1}^{N} x_i - \sum_{i=1}^{N} y_i\Big)^2 \\
&\quad + a^2\sum_{i=1}^{N} x_i^2 - 2a\sum_{i=1}^{N} x_i y_i + \sum_{i=1}^{N} y_i^2 \\
&= N\left\{b + a\cdot\frac{1}{N}\sum_{i=1}^{N} x_i - \frac{1}{N}\sum_{i=1}^{N} y_i\right\}^2 \\
&\quad - \frac{1}{N}\left\{a^2\Big(\sum_{i=1}^{N} x_i\Big)^2 - 2a\Big(\sum_{i=1}^{N} x_i\Big)\Big(\sum_{i=1}^{N} y_i\Big) + \Big(\sum_{i=1}^{N} y_i\Big)^2\right\}
\end{aligned}$$

---

[3] 偏微分を用いることによる方法も有名である．

$$
\begin{aligned}
&\quad + a^2 \sum_{i=1}^{N} x_i^2 - 2a \sum_{i=1}^{N} x_i y_i + \sum_{i=1}^{N} y_i^2 \\
&= N\left\{b + a\overline{x} - \overline{y}\right\}^2 + \left(\sum_{i=1}^{N} x_i^2 - \frac{1}{N}\left(\sum_{i=1}^{N} x_i\right)^2\right) a^2 \\
&\quad - 2\left(\sum_{i=1}^{N} x_i y_i - \frac{1}{N}\left(\sum_{i=1}^{N} x_i\right)\left(\sum_{i=1}^{N} y_i\right)\right) a + \left(\sum_{i=1}^{N} y_i^2 - \frac{1}{N}\left(\sum_{i=1}^{N} y_i\right)^2\right) \\
&= N\left\{b + a\overline{x} - \overline{y}\right\}^2 + N\left(\frac{1}{N}\sum_{i=1}^{N} x_i^2 - \left(\frac{1}{N}\sum_{i=1}^{N} x_i\right)^2\right) a^2 \\
&\quad - 2N\left(\frac{1}{N}\sum_{i=1}^{N} x_i y_i - \left(\frac{1}{N}\sum_{i=1}^{N} x_i\right)\left(\frac{1}{N}\sum_{i=1}^{N} y_i\right)\right) a \\
&\quad + N\left(\frac{1}{N}\sum_{i=1}^{N} y_i^2 - \left(\frac{1}{N}\sum_{i=1}^{N} y_i\right)^2\right) \\
&= N\left\{b + a\overline{x} - \overline{y}\right\}^2 + N s_x^2 a^2 - 2N s_{xy} a + N s_y^2 \\
&= N\left\{b + a\overline{x} - \overline{y}\right\}^2 + N s_x^2 \left(a - \frac{s_{xy}}{s_x^2}\right)^2 - \frac{N s_{xy}^2}{s_x^2} + N s_y^2
\end{aligned}
$$

よって

$$
\begin{cases} b = -a\overline{x} + \overline{y} \\ a = \dfrac{s_{xy}}{s_x^2} \end{cases}
$$

のとき,残差 Q は最小値

$$
Q_{\min} = -\frac{N s_{xy}^2}{s_x^2} + N s_y^2
$$

をとる.[4] x に対する y の回帰直線は

$$
y = \frac{s_{xy}}{s_x^2} x - \frac{s_{xy}}{s_x^2} \overline{x} + \overline{y}
$$

---

[4] 本質的には同じであるが,次のように,変形することもできる.
$$
s_x^2 = \frac{1}{N}\sum_{i=1}^{N} x_i^2 - \overline{x}^2, \quad s_y^2 = \frac{1}{N}\sum_{i=1}^{N} y_i^2 - \overline{y}^2, \quad s_{xy} = \frac{1}{N}\sum_{i=1}^{N} x_i y_i - \overline{x}\,\overline{y}
$$
より

これは
$$y - \overline{y} = \frac{s_{xy}}{s_x^2}(x - \overline{x})$$
と変形できる．つまり点 $(\overline{x}, \overline{y})$ を通り，傾き $\frac{s_{xy}}{s_x^2}$ の直線である．また，残差 Q の最小値 $Q_{\min}$ は

$$Q_{\min} = -\frac{Ns_{xy}^2}{s_x^2} + Ns_y^2 = Ns_y^2\left(1 - \frac{s_{xy}^2}{s_x^2 s_y^2}\right) = Ns_y^2\left(1 - \left(\frac{s_{xy}}{s_x s_y}\right)^2\right)$$

と変形できる．$Q_{\min}$ の値が小さいとき，直線的傾向が強いが，一方で標本の個数 N や y 方向の散らばりが大きい場合，残差 Q は大きくなってしまう．そこで，直線 $y = \overline{y}$ のときの残差

$$Q_{y=\overline{y}} = \sum_{i=1}^{N}\left\{y_i - \overline{y}\right\}^2 = N \cdot \frac{1}{N}\sum_{i=1}^{N}\left\{y_i - \overline{y}\right\}^2 = Ns_y^2$$

との比

$$\frac{Q_{\min}}{Q_{y=\overline{y}}} = \frac{Q_{\min}}{Ns_y^2} = 1 - \left(\frac{s_{xy}}{s_x s_y}\right)^2$$

$$\sum_{i=1}^{N} x_i^2 = Ns_x^2 + N\overline{x}^2, \quad \sum_{i=1}^{N} y_i^2 = Ns_y^2 + N\overline{y}^2, \quad \sum_{i=1}^{N} x_i y_i = Ns_{xy} + N\overline{x}\,\overline{y}$$

であるが，これらを用いると

$$Q = \sum_{i=1}^{N}\left\{y_i - (ax_i + b)\right\}^2 = \sum_{i=1}^{N}\left\{y_i^2 + a^2 x_i^2 + b^2 - 2ax_i y_i + 2abx_i - 2by_i\right\}$$
$$= \sum_{i=1}^{N} y_i^2 + a^2 \sum_{i=1}^{N} x_i^2 + Nb^2 - 2a\sum_{i=1}^{N} x_i y_i + 2ab\sum_{i=1}^{N} x_i - 2b\sum_{i=1}^{N} y_i$$
$$= Ns_y^2 + N\overline{y}^2 + a^2(Ns_x^2 + N\overline{x}^2) + Nb^2 - 2a(Ns_{xy} + N\overline{x}\,\overline{y}) + 2abN\overline{x} - 2bN\overline{y}$$
$$= N\big\{b^2 + (2a\overline{x} - 2\overline{y})b + s_y^2 + \overline{y}^2 + a^2 s_x^2 + a^2\overline{x}^2 - 2as_{xy} - 2a\overline{x}\,\overline{y}\big\}$$
$$= N\big\{(b + a\overline{x} - \overline{y})^2 - (a\overline{x} - \overline{y})^2 + s_y^2 + \overline{y}^2 + a^2 s_x^2 + a^2\overline{x}^2 - 2as_{xy} - 2a\overline{x}\,\overline{y}\big\}$$
$$= N\big\{(b + a\overline{x} - \overline{y})^2 - a^2\overline{x}^2 + 2a\overline{x}\,\overline{y} - \overline{y}^2 + s_y^2 + \overline{y}^2 + a^2 s_x^2 + a^2\overline{x}^2 - 2as_{xy} - 2a\overline{x}\,\overline{y}\big\}$$
$$= N\big\{(b + a\overline{x} - \overline{y})^2 + s_x^2 a^2 - 2s_{xy}a + s_y^2\big\}$$
$$= N\Big\{(b + a\overline{x} - \overline{y})^2 + s_x^2\Big(a - \frac{s_{xy}}{s_x^2}\Big)^2 - \frac{s_{xy}^2}{s_x^2} + s_y^2\Big\}$$

を考え，この値の大小により，直線的傾向の強弱を測ることにする．ここで，残差 Q は非負であるから，$Q_{\min} \geq 0$ である．したがって $1 - \left(\frac{s_{xy}}{s_x s_y}\right)^2 \geq 0$ であるので
$$-1 \leq \frac{s_{xy}}{s_x s_y} \leq 1$$
が成り立つ．したがって，$\frac{s_{xy}}{s_x s_y}$ の値が 1 または -1 に近い程，$\frac{Q_{\min}}{Q_{y=\bar{y}}}$ は 0 に近づき，直線的傾向が強く，また，$\frac{s_{xy}}{s_x s_y}$ の値が 0 に近い程，$\frac{Q_{\min}}{Q_{y=\bar{y}}}$ は 1 に近づき，直線的傾向が弱いといえる．$\frac{s_{xy}}{s_x s_y}$ の値をこの資料に関する x と y の相関係数という．

回帰直線，相関係数

N 個の 2 次元データ $(x_1, y_1), (x_2, y_2), \ldots, (x_N, y_N)$ に対して

- (x に対する y の) 回帰直線　　$y - \bar{y} = \frac{s_{xy}}{s_x^2}(x - \bar{x})$

　　　　　　　　　[目的変数を y，説明変数を x]

- 相関係数　　$\frac{s_{xy}}{s_x s_y}$

　　* 1 に近い程，(右上がりの) 直線的傾向が強い．

　　* -1 に近い程，(右下がりの) 直線的傾向が強い．

　　* 0 に近い程，直線的傾向が弱い．

(参考) 各点が直線上にあるとき，$\frac{s_{xy}}{s_x s_y} = \pm 1$ となることについて，別な視点で考えてみることにする．まず，次の有名な不等式を紹介する．

定理（シュワルツの不等式）

$a_i, b_i\ (i = 1, 2, \ldots, N)$ を任意の実数とするとき，

$$\left(\sum_{i=1}^{N} a_i b_i\right)^2 \leq \left(\sum_{i=1}^{N} a_i^2\right)\left(\sum_{i=1}^{N} b_i^2\right)$$

が成り立つ．等号が成り立つのは，ある実数 t に対して $ta_i = b_i\ (i = 1, 2, \ldots, N)$ が成り立つときである（例えば，$a_i \neq 0$ であれば，$\frac{b_1}{a_1} = \frac{b_2}{a_2} = \cdots = \frac{b_N}{a_N}$ のとき等号が成立）．

証明 任意の実数 t に対して

$$0 \le \sum_{i=1}^{N}(ta_i - b_i)^2 = t^2 \sum_{i=1}^{N} a_i^2 - 2t \sum_{i=1}^{N} a_i b_i + \sum_{i=1}^{N} b_i^2$$

であるから，t の 2 次関数と考えたとき，(判別式) ≤ 0 である．したがって

$$\left(\sum_{i=1}^{N} a_i b_i\right)^2 - \left(\sum_{i=1}^{N} a_i^2\right)\left(\sum_{i=1}^{N} b_i^2\right) \le 0.$$

つまり

$$\left(\sum_{i=1}^{N} a_i b_i\right)^2 \le \left(\sum_{i=1}^{N} a_i^2\right)\left(\sum_{i=1}^{N} b_i^2\right)$$

が成り立つ．等号は判別式が 0 のとき．$\sum_{i=1}^{N}(ta_i - b_i)^2 = 0$ のとき成り立つ．すなわち，$ta_i = b_i$ $(i = 1, 2, \ldots, N)$ のとき等号が成り立つ． □

シュワルツの不等式を用いると

$$s_{xy}^2 = \left(\frac{1}{N}\sum_{i=1}^{N}(x_i - \overline{x})(y_i - \overline{y})\right)^2 = \frac{1}{N^2}\left(\sum_{i=1}^{N}(x_i - \overline{x})(y_i - \overline{y})\right)^2$$

$$\le \frac{1}{N^2}\left(\sum_{i=1}^{N}(x_i - \overline{x})^2\right)\left(\sum_{i=1}^{N}(y_i - \overline{y})^2\right)$$

$$= \left(\frac{1}{N}\sum_{i=1}^{N}(x_i - \overline{x})^2\right)\left(\frac{1}{N}\sum_{i=1}^{N}(y_i - \overline{y})^2\right)$$

$$= s_x^2 s_y^2$$

が得られる．$s_x \ne 0, s_y \ne 0$ のとき，$\frac{s_{xy}^2}{s_x^2 s_y^2} \le 1$ であるから

$$-1 \le \frac{s_{xy}}{s_x s_y} \le 1$$

が成り立つ．ここで，$\frac{s_{xy}}{s_x s_y} = \pm 1$ となるのは，シュワルツの不等式において等号が成り立つときであるから，ある実数 t に対して

$$y_i - \overline{y} = t(x_i - \overline{x}) \quad (i = 1, 2, \ldots, N)$$

のときである．すなわち点 (x_i, y_i) が直線 $y - \overline{y} = t(x - \overline{x})$ 上にあるとき，$\frac{s_{xy}}{s_x s_y} = \pm 1$ となる．

演習問題

問題 2.1 サイコロを 20 回振って，各回にでた目を調べたところ，

$$1, 5, 6, 3, 3, 2, 6, 4, 2, 4, 1, 1, 6, 5, 2, 3, 2, 4, 6, 1$$

であった．

(1) 平均値，モード，メディアンを求めよ．

(2) 分散，標準偏差を求めよ．

問題 2.2 以下のようなデータ (X, Y) に対して，次の問いに答えよ．

X	3	4	5	6	7	8	9	10
Y	0.5	1.3	2.2	6.8	7.7	10.2	13.5	13.8

(1) X, Y の平均値 $\bar{x}$, $\bar{y}$ を計算せよ．

(2) X, Y の分散 s_x^2, s_y^2 および共分散 s_{xy} を計算せよ．

(3) X と Y の相関係数を求めよ．

(4) X に対する Y の回帰直線を求めよ． [目的変量 Y，説明変量 X]

問題 2.3 例 2.2 の 4 つの変量に対して，基本的な代表値を求めよ．

第3章 確率と確率変数

3.1. 確率論の考え方と期待値

　確率論は，推測統計学の理論の根幹となっている．日常生活においても予測不能な事象や一定の決まりに基づいて起こっている思われる事象もある．予測に関する考え方は，このように予測が不可能な現象を「ランダムネスの法則」と呼び，一定の決まりに従って起こる現象の起こりやすさの程度を数字で表したものが「確率」である．たとえば，サイコロを投げて1から6までのどの数字がでるかは予測できないのでこれをランダムネスの法則という．しかし，1から6まで数字が出る回数は同じ回数に近くなると考えられ，これが確率である．推測統計学では，確率を数値として定める．サイコロの例でいえば，1から6のそれぞれの数字が出る確率は6分の1であると定めるとサイコロに関係する現象の不確実性を説明しやすい．従って，確率は客観的に数値化できることを前提としているのである．

　期待値は $E(x)$ で表現し，算出の仕方は数式としては基本的に平均と同じである．確率について期待値を考える時は，平均するとどれぐらいの数値が期待できるかどうかという意味で期待値の概念を使っている．

　この章では，古典的な確率の考え方から一歩進んで，現代的な確率の定義に従った確率論の話をすすめる．難しい概念が多いが頑張って読み進めていってほしい．

3.2. 集合

— 集合 —

ある集まりに対して，その集まりの範囲が明確であること，その集まりに属するそれぞれが区別できるとき，このような集まりを**集合**という．集合に属する1つ1つのものを**要素**または**元**という．a が集合 A の要素であるとき

$$a \in A \quad \text{または} \quad A \ni a$$

と表す．

- 例 $A = \{1, 2, 3\}$，$A = \{a \mid 1 \leq a \leq 3, a \text{ は整数}\}$
- 集合 A のどの要素も集合 B の要素になっているとき，A は B の部分集合であるといい

$$A \subset B \quad \text{または} \quad B \supset A$$

と表す．

— 共通部分，和集合，補集合 —

全体集合，全集合　通常，考えている集合を一つ決めて，その中で議論する．このような集合を，全体集合，全集合などという．

共通部分 (intersection)　$A \cap B = \{x \mid \text{(both) } x \in A \text{ and } x \in B\}$

和集合 (union)　$A \cup B = \{x \mid x \in A \text{ or } x \in B \text{ (or both)}\}$

補集合 (complement)　X を全体集合とするとき，$A \subset X$ に対して，

$$A^c = \{x \in X \mid x \notin A\}$$

を集合 A の補集合という．

3.3. 確率

── 標本空間，事象 ──

定義 3.1 集合 Ω の部分集合から成る集合族（集合の集まり）$\mathcal{F}$ が次の条件を満たすとき，$(\Omega, \mathcal{F})$ を可測空間 (measurable space) という．

(1) $\Omega \in \mathcal{F}$

(2) $A \in \mathcal{F}$ ならば $A^c \in \mathcal{F}$

(3) $A_1, A_2, A_3 \ldots \in \mathcal{F}$ ならば $A_1 \cup A_2 \cup A_3 \cup \cdots \in \mathcal{F}$ $\quad \left(\bigcup_{i=1}^{\infty} A_i \in \mathcal{F} \right)$

確率論では，Ω を標本空間といい，また，$\mathcal{F}$ に属する各集合を事象 (event) と呼ぶ．特に集合 Ω を全事象，空集合 $\emptyset$ を空事象，集合 A の補集合 A^c を事象 A の余事象という．

REMARK 一般に，これらの 3 条件を満たすとき，$\mathcal{F}$ は σ-集合体（または σ-加法族）であるといい，$\mathcal{F}$ に属する集合は可測集合 (measurable set)（または $\mathcal{F}$-可測集合）と呼ばれる．また，ある集合が $\mathcal{F}$ に属するとき，その集合は可測 (measurable)（または $\mathcal{F}$-可測）であるともいう． □

確率

定義 3.2 $(\Omega, \mathcal{F})$ を可測空間とする．関数 $P : \mathcal{F} \to \mathbb{R}$ ($\mathbb{R}$ は実数全体の集合) が次の条件を満たすとき，P を可測空間 $(\Omega, \mathcal{F})$ 上の確率測度 (probability measure) という．

(1) 各事象 $A \in \mathcal{F}$ に対して，$0 \leq P(A) \leq 1$ を満たす実数 $P(A)$ が一つ定まる．

(2) 全事象の確率 $\quad P(\Omega) = 1$

(3) 事象 $A_1, A_2, \ldots \in \mathcal{F}$ が互いに素 ($i \neq j$ のとき $A_i \cap A_j = \varnothing$) であるならば
$$P\left(\bigcup_{i=1}^{\infty} A_i\right) = \sum_{i=1}^{\infty} P(A_i) \qquad (\text{完全加法性, countably additive})$$

このとき，$P(A)$ の値を事象 A が起こる確率または事象 A の確率という．また，$(\Omega, \mathcal{F}, P)$ を確率空間という．

例 3.1 試行：「1 枚のコインを投げる」に対して，
事象：「コインを投げた結果（表裏）」を考えるとき

- 標本空間 $\Omega = \{H, T\}$ ただし H：表 (Head), T：裏 (Tail).

- 事象の全体 $\mathcal{F} = \Big\{\Omega, \{H\}, \{T\}, \varnothing\Big\}$
  事象 Ω: 表か裏
  事象 H: 表
  事象 T: 裏

  ここで，$\mathcal{F}$ が σ-集合体となっていることは次のように確認することができる．

  (1) $\Omega \in \mathcal{F}$
  (2) $\Omega^c = \varnothing \in \mathcal{F}, \quad \{H\}^c = \{T\} \in \mathcal{F}, \quad \{T\}^c = \{H\} \in \mathcal{F}, \quad \varnothing^c = \Omega \in \mathcal{F}$
  (3) $\Omega \cup \{H\} = \Omega \in \mathcal{F}, \quad \Omega \cup \{T\} = \Omega \in \mathcal{F}, \quad \Omega \cup \varnothing = \Omega \in \mathcal{F},$
  $\{H\} \cup \{T\} = \Omega \in \mathcal{F}, \quad \{H\} \cup \varnothing = \{H\} \in \mathcal{F}, \quad \{T\} \cup \varnothing = \{T\} \in \mathcal{F},$

2つの集合の和集合について確認すれば十分であるが,
$\Omega \cup \{H\} \cup \{T\} = \Omega \in \mathcal{F}$, $\Omega \cup \{H\} \cup \varnothing = \Omega \in \mathcal{F}$,
$\Omega \cup \{T\} \cup \varnothing = \Omega \in \mathcal{F}$, $\{H\} \cup \{T\} \cup \varnothing = \Omega \in \mathcal{F}$,
$\Omega \cup \{H\} \cup \{T\} \cup \varnothing = \Omega \in \mathcal{F}$

- $P(\Omega) = 1$, $P(\{H\}) = P(\{T\}) = \frac{1}{2}$, $P(\varnothing) = 0$
  $P(\{H\} \cup \{T\}) = P(\{H,T\}) = P(\Omega) = 1$, $P(\{H\}) + P(\{T\}) = \frac{1}{2} + \frac{1}{2} = 1$

□

---- 確率の性質 ----

- $P(A^c) = 1 - P(A)$

- $P(A \cup B) = P(A) + P(B) - P(A \cap B)$

- $A \subset B$ ならば $P(A) \leq P(B)$

---- 条件付き確率 ----

定義 3.3 確率空間 $(\Omega, \mathcal{F}, P)$ における事象 $A, B \in \mathcal{F}$ (ただし $P(B) > 0$)に対して

$$P(A|B) = \frac{P(A \cap B)}{P(B)}$$

を B が与えられたときの A の条件付き確率という.

---- **Bayes の定理** ----

事象 $\{H_i\}, i = 1, 2, \cdots, n$ が

$P(H_i) > 0$, $\Omega = \cup_{i=1}^n H_i$, $H_i \cap H_j = \varnothing \ (i \neq j)$

を満たしているとき,$P(A) > 0$ である任意の事象 A に対して,次の等式が成り立つ.

$$P(H_j|A) = \frac{P(H_j)P(A|H_j)}{\sum_{i=1}^n P(H_i)P(A|H_i)}, \quad j = 1, 2, \ldots, n$$

証明 まず次の等式が成立する.

$$P(A) = P(A \cap \Omega) = P(A \cap (\cup_{i=1}^{n} H_i)) = P(\cup_{i=1}^{n}(A \cap H_i))$$
$$= \sum_{i=1}^{n} P(A \cap H_i) = \sum_{i=1}^{n} P(H_i)P(A|H_i)$$

よって,上の式を適用して

$$P(H_j|A) = \frac{P(A \cap H_j)}{P(A)} = \frac{P(H_j)P(A|H_j)}{P(A)} = \frac{P(H_j)P(A|H_j)}{\sum_{i=1}^{n} P(H_i)P(A|H_i)}$$

が成り立つ. □

―― 独立性 ――

定義 3.4 2つの事象 A, B に対して

$$P(A \cap B) = P(A)P(B)$$

であるとき,A と B とは独立であるという.

―― 独立であるための条件 ――

定理 3.1 2つの事象 A, B(ただし $P(B) > 0$)に対して,A と B とが独立であるための必要十分条件は

$$P(A|B) = P(A)$$

が成り立つことである.

証明 $P(A \cap B) = P(B)P(A|B)$ より

$$P(A \cap B) = P(A)P(B) \Leftrightarrow P(B)P(A|B) = P(A)P(B) \Leftrightarrow P(A|B) = P(A)$$

が成り立つ. □

例 3.2 サイコロを2回投げる場合において,次の3つの事象を考える.

- A: 1回目に3の目が出る.
- B: 1回目と2回目の出た目の和が5である.
- C: 1回目と2回目の出た目の和が奇数である.

		2回目					
		1	2	3	4	5	6
1回目	1		Ⓒ		ⒷⒸ		Ⓒ
	2	Ⓒ		ⒷⒸ		Ⓒ	
	3	Ⓐ	ⒶⒷⒸ	Ⓐ	ⒶⒸ	Ⓐ	ⒶⒸ
	4	ⒷⒸ		Ⓒ		Ⓒ	
	5		Ⓒ		Ⓒ		Ⓒ
	6	Ⓒ		Ⓒ		Ⓒ	

このとき

$$P(B|A) = \frac{P(B \cap A)}{P(A)} = \frac{\frac{1}{36}}{\frac{6}{36}} = \frac{1}{6}, \quad P(A|B) = \frac{P(A \cap B)}{P(B)} = \frac{\frac{1}{36}}{\frac{4}{36}} = \frac{1}{4},$$

$$P(C|A) = \frac{P(C \cap A)}{P(A)} = \frac{\frac{3}{36}}{\frac{6}{36}} = \frac{1}{2}, \quad P(A|C) = \frac{P(A \cap C)}{P(C)} = \frac{\frac{3}{36}}{\frac{18}{36}} = \frac{1}{6},$$

$$P(B|C) = \frac{P(B \cap C)}{P(C)} = \frac{\frac{4}{36}}{\frac{18}{36}} = \frac{2}{9}, \quad P(C|B) = \frac{P(C \cap B)}{P(B)} = \frac{\frac{4}{36}}{\frac{4}{36}} = 1$$

となる．また，独立性に関しては次のようになる．

- A と B について
  $P(A \cap B) = \frac{1}{36}$, $P(A) = \frac{1}{6}$, $P(B) = \frac{1}{9}$ より $P(A \cap B) \neq P(A)P(B)$ である．従って A と B は独立でない．
  $\begin{pmatrix} P(A|B) = \frac{1}{4}, \ P(A) = \frac{1}{6} \ \text{より} \ P(A|B) \neq P(A) \\ P(B|A) = \frac{1}{6}, \ P(B) = \frac{1}{9} \ \text{より} \ P(B|A) \neq P(B) \end{pmatrix}$

- A と C について
  $P(A \cap C) = \frac{1}{12}$, $P(A) = \frac{1}{6}$, $P(C) = \frac{1}{2}$ より $P(A \cap C) = P(A)P(C)$ である．従って A と C は互いに独立である．
  $\begin{pmatrix} P(C|A) = \frac{1}{2}, \ P(C) = \frac{1}{2} \ \text{より} \ P(C|A) = P(C) \\ P(A|C) = \frac{1}{6}, \ P(A) = \frac{1}{6} \ \text{より} \ P(A|C) = P(A) \end{pmatrix}$

- B と C について
  $P(B \cap C) = \frac{1}{9}$, $P(B) = \frac{1}{9}$, $P(C) = \frac{1}{2}$ より $P(B \cap C) \neq P(B)P(C)$ で

ある.従って B と C は独立でない.
$$\begin{pmatrix} P(B|C) = \frac{2}{9}, & P(B) = \frac{1}{9} \text{ より } P(B|C) \neq P(B) \\ P(C|B) = 1, & P(C) = \frac{1}{2} \text{ より } P(C|B) \neq P(C) \end{pmatrix}$$

□

3.4. 確率変数

― 確率変数 ―

定義 3.5 可測空間 $(\Omega, \mathcal{F})$ 上の関数 $X : \Omega \to \mathbb{R}$ が次の条件を満たすとき,X を (実数値の) 確率変数 (random variable) と呼ぶ.

任意の $c \in \mathbb{R}$ に対して $\{\omega \in \Omega \mid X(\omega) \leq c\} \in \mathcal{F}$

これは,集合 $\{\omega \in \Omega \mid X(\omega) \leq c\}$ が一つの事象であるということを意味する.

表記を簡単にするために,Ω の部分集合 $\{\omega \in \Omega \mid X(\omega) \leq c\}$ を $\{X \leq c\}$ と表し,同様に $\{X < c\}$, $\{X = c\}$, $\{a < X < b\}$ などの表記も使用する.

定理 3.2 X が確率変数であるとき,任意の実数 c, a, b $(a < b)$ に対して,次の集合は,どれも一つの事象である.

(1) $\{X \leq c\}$ (2) $\{X < c\}$ (3) $\{X \geq c\}$
(4) $\{X > c\}$ (5) $\{X = c\}$ (6) $\{a \leq X \leq b\}$
(7) $\{a < X \leq b\}$ (8) $\{a \leq X < b\}$ (9) $\{a < X < b\}$

つまり

(1) $\{X \leq c\} \in \mathcal{F}$ (2) $\{X < c\} \in \mathcal{F}$ (3) $\{X \geq c\} \in \mathcal{F}$
(4) $\{X > c\} \in \mathcal{F}$ (5) $\{X = c\} \in \mathcal{F}$ (6) $\{a \leq X \leq b\} \in \mathcal{F}$
(7) $\{a < X \leq b\} \in \mathcal{F}$ (8) $\{a \leq X < b\} \in \mathcal{F}$ (9) $\{a < X < b\} \in \mathcal{F}$

が成り立つ.

— 分布関数 —

定義 3.6 X を確率空間 $(\Omega, \mathcal{F}, P)$ 上で定義された確率変数とするとき

$$F(x) = P(\{\omega \in \Omega \mid X(\omega) \leq x\}), \quad x \in \mathbb{R}$$

によって定義される実数値関数 $F : \mathbb{R} \to [0,1]$ を確率変数 X の分布関数と呼ぶ．表記を簡単にするために，確率 $P(\{\omega \in \Omega \mid X(\omega) \leq x\})$ を $P(X \leq x)$ と表し，同様に $P(X < x)$, $P(X = x)$, $P(a < X < b)$ などの表記も使用する．

定理 3.3 分布関数 F に対して次の性質が成り立つ．

(1) 非減少関数である．

(2) 右連続である．$\lim\limits_{y \downarrow x} F(y) = F(x)$．ここで $y \downarrow x$ は $y \to x$, $y > x$(右側から近づく) を意味する．

(3) $F(-\infty) = \lim\limits_{x \to -\infty} F(x) = 0$

(4) $F(+\infty) = \lim\limits_{x \to +\infty} F(x) = 1$

例 3.3 「1 枚のコインを投げたときの結果（表裏）」を考えるとき

- 標本空間 $\Omega = \{H, T\}$　ただし H：表 (Head)，T：裏 (Tail)．
- 事象の全体 $\mathcal{F} = \left\{ \Omega, \{H\}, \{T\}, \varnothing \right\}$
- $P(\Omega) = 1$, $P(\{H\}) = P(\{T\}) = \frac{1}{2}$, $P(\varnothing) = 0$

であった．変数 X のとる値を

$$X(H) = 1,\ X(T) = 0 \qquad (\text{つまり } X \text{ は表の枚数})$$

と定める．

X のとる値	0	1	合計
事象	$\{T\}$	$\{H\}$	$\Omega = \{T, H\}$
確率	$\frac{1}{2}$	$\frac{1}{2}$	1

- X は確率変数であることは，次のように確かめることができる．

$$\{\omega \in \Omega \mid X(\omega) \leq c\} = \begin{cases} \varnothing & (c < 0 \text{ のとき}) \\ \{T\} & (0 \leq c < 1 \text{ のとき}) \\ \{H, T\} & (c \geq 1 \text{ のとき}) \end{cases}$$

よって，任意の $c \in \mathbb{R}$ に対して $\{\omega \in \Omega \mid X(\omega) \leq c\} \in \mathcal{F}$ となるから，集合 $\{\omega \in \Omega \mid X(\omega) \leq c\}$ は事象である．したがって，X は確率変数である．

- X の分布関数 F は

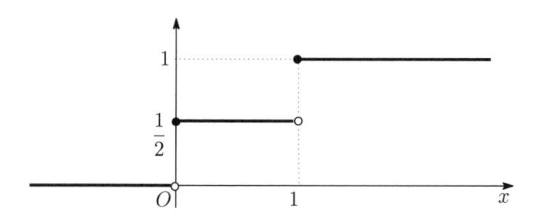

$$F(x) = \begin{cases} 0 & (x < 0 \text{ のとき}) \\ \frac{1}{2} & (0 \leq x < 1 \text{ のとき}) \\ 1 & (x \geq 1 \text{ のとき}) \end{cases}$$

図 3.1: 1 枚のコインを投げたときの表の枚数 X の分布関数 □

―――― 離散型確率変数,連続型確率変数 ――――

定義 3.7

離散型 $P(X \in E) = 1$ を満たす可算集合である事象 E があるとき,この確率変数 X は離散型であるという.次のような確率分布表で表すことができる.

X のとる値	x_1	x_2	$\cdots$	x_k	$\cdots$	合計
確率	p_1	p_2	$\cdots$	p_k	$\cdots$	$\sum_{i=1}^{\infty} p_i = 1$

連続型 分布関数 F が,ある非負関数 f を用いて

$$F(x) = P(X \leq x) = P(\{\omega \in \Omega \mid X(\omega) \leq x\}) = \int_{-\infty}^{x} f(t)dt$$

と表せるとき,確率変数 X は連続型であるという.この非負関数 f を X の確率密度関数 (probability density function) と呼び,p.d.f. と書く.

―――― 確率分布の性質(離散型確率変数,連続型確率変数) ――――

定理 3.4

離散型 分布関数 $F(x) = P(X \leq x) = \sum_{x_i \leq x} p_i$

連続型

- $\int_{-\infty}^{\infty} f(t)dt = 1$

- 確率 $P(a < X \leq b) = F(b) - F(a) = \int_{a}^{b} f(t)dt$

例 3.4 先に述べたコインの例,サイコロの例は離散型確率変数の例である.
□

例 3.5 (連続型確率変数の例) X を次の確率密度関数 f をもつ確率変数と

する.
$$f(x) = \begin{cases} 0 & (x \leq -1 \text{ のとき}) \\ x+1 & (-1 < x \leq 0 \text{ のとき}) \\ -x+1 & (0 < x \leq 1 \text{ のとき}) \\ 0 & (x > 1 \text{ のとき}) \end{cases}$$

このとき，X の分布関数 F を計算すると

$x \leq -1$ のとき
$$F(x) = \int_{-\infty}^{x} 0 dt = 0$$
$-1 < x \leq 0$ のとき
$$F(x) = \int_{-\infty}^{-1} 0 dt + \int_{-1}^{x} (t+1) dt = 0 + \left[\frac{t^2}{2} + t \right]_{-1}^{x} = \frac{1}{2}(x+1)^2$$
$0 < x \leq 1$ のとき
$$F(x) = \int_{-\infty}^{-1} 0 dt + \int_{-1}^{0} (t+1) dt + \int_{0}^{x} (-t+1) dt$$
$$= 0 + \left[\frac{t^2}{2} + t \right]_{-1}^{0} + \left[-\frac{t^2}{2} + t \right]_{0}^{x} = -\frac{1}{2}(x-1)^2 + 1$$
$x > 1$ のとき
$$F(x) = \int_{-\infty}^{-1} 0 dt + \int_{-1}^{0} (t+1) dt + \int_{0}^{1} (-t+1) dt + \int_{1}^{x} 0 dt$$
$$= 0 + \left[\frac{t^2}{2} + t \right]_{-1}^{0} + \left[-\frac{t^2}{2} + t \right]_{0}^{1} + 0 = \frac{1}{2} + \frac{1}{2} = 1$$

が成り立つ．従って
$$F(x) = \begin{cases} 0 & (x \leq -1 \text{ のとき}) \\ \frac{1}{2}(x+1)^2 & (-1 < x \leq 0 \text{ のとき}) \\ -\frac{1}{2}(x-1)^2 + 1 & (0 < x \leq 1 \text{ のとき}) \\ 1 & (x > 1 \text{ のとき}) \end{cases}$$

となる. 確率 $P(-\frac{1}{2} < X \le \frac{1}{3})$ は次のようにして計算することができる.

$$\begin{aligned} P\Big(-\frac{1}{2} < X \le \frac{1}{3}\Big) &= F\Big(\frac{1}{3}\Big) - F\Big(-\frac{1}{2}\Big) \\ &= \Big\{-\frac{1}{2}\Big(\frac{1}{3}-1\Big)^2 + 1\Big\} - \Big\{\frac{1}{2}\Big(-\frac{1}{2}+1\Big)^2\Big\} \\ &= \frac{9}{7} - \frac{1}{8} \\ &= \frac{47}{72} \end{aligned}$$

または

$$\begin{aligned} P\Big(-\frac{1}{2} < X \le \frac{1}{3}\Big) &= \int_{-\frac{1}{2}}^{0} (t+1)dt + \int_{0}^{\frac{1}{3}} (-t+1)dt \\ &= \Big[\frac{t^2}{2} + t\Big]_{-\frac{1}{2}}^{0} + \Big[-\frac{t^2}{2} + t\Big]_{0}^{\frac{1}{3}} \\ &= \frac{3}{8} + \frac{5}{18} \\ &= \frac{47}{72} \end{aligned}$$

また

$$\begin{aligned} P\Big(-\frac{1}{2} < X < \frac{1}{3}\Big) &= P\Big(-\frac{1}{2} \le X < \frac{1}{3}\Big) \\ &= P\Big(-\frac{1}{2} < X \le \frac{1}{3}\Big) \\ &= P\Big(-\frac{1}{2} \le X \le \frac{1}{3}\Big) \end{aligned}$$

が成り立つ. □

3.5. 期待値

--- 期待値 ---

定義 3.8 確率変数 X の期待値 (expected value) $E(X)$ を次のように定義する.

(1) X が離散型確率分布をもつとき

X のとる値	x_1	x_2	$\cdots$	x_k	$\cdots$	合計
確率	p_1	p_2	$\cdots$	p_k	$\cdots$	$\sum_{i=1}^{\infty} p_i = 1$

であるとき

$$E(X) = \sum_{i=1}^{\infty} x_i P(X = x_i) = \sum_{i=1}^{\infty} x_i p_i \quad \left(\text{ただし} \sum_{i=1}^{\infty} |x_i| p_i < \infty \right)$$

(2) X が連続型確率分布をもつとき
$f(x)$ を確率変数 X の確率密度関数とするとき

$$E(X) = \int_{-\infty}^{\infty} x f(x) dx \quad \left(\text{ただし} \int_{-\infty}^{\infty} |x| f(x) dx < \infty \right)$$

―――― $\varphi(X)$ の期待値 ――――

定義 3.9 実数値関数 φ に対して,確率変数 X の像 $\varphi(X)$ が確率変数であると仮定する.例えば φ が連続関数であるならば $\varphi(X)$ は確率変数となる.$\varphi(X)$ の期待値 $E(\varphi(X))$ を次のように定義する.

(1) X が離散型確率分布をもつとき

$$E(\varphi(X)) = \sum_{i=1}^{\infty} \varphi(x_i) p_i \quad \left(\text{ただし} \sum_{i=1}^{\infty} |\varphi(x_i)| p_i < \infty\right)$$

(2) X が連続型確率分布をもつとき

$$E(\varphi(X)) = \int_{-\infty}^{\infty} \varphi(x) f(x) dx \quad \left(\text{ただし} \int_{-\infty}^{\infty} |\varphi(x)| f(x) dx < \infty\right)$$

―――― 分散・標準偏差 ――――

定義 3.10 確率変数 X の分散 (variance) $V(X)$ (または $\sigma^2(X)$ と記す),標準偏差 (standard deviation) $\sigma(X)$ を次のように定義する.

分散 $\quad V(X) = E((X - E(X))^2)$

$$= \begin{cases} \displaystyle\sum_{i=1}^{\infty}(x_i - E(X))^2 p_i & (離散型のとき) \\ \displaystyle\int_{-\infty}^{\infty}(x - E(X))^2 f(x) dx & (連続型のとき) \end{cases}$$

標準偏差 $\quad \sigma(X) = \sqrt{V(X)}$

例 3.6 変数 X のとる値を「1 個のサイコロを投げたときの出た目」であると考えたとき

X のとる値	1	2	3	4	5	6	合計
確率	$\frac{1}{6}$	$\frac{1}{6}$	$\frac{1}{6}$	$\frac{1}{6}$	$\frac{1}{6}$	$\frac{1}{6}$	1

であるから，確率変数 X の期待値，分散，標準偏差は

$$E(X) = \sum_{i=1}^{6} iP(X=i) = 1 \cdot \frac{1}{6} + 2 \cdot \frac{1}{6} + 3 \cdot \frac{1}{6} + 4 \cdot \frac{1}{6} + 5 \cdot \frac{1}{6} + 6 \cdot \frac{1}{6}$$
$$= \frac{21}{6} = \frac{7}{2}$$
$$V(X) = E((X - E(X))^2)$$
$$= \sum_{i=1}^{6} (i - E(X))^2 P(X=i)$$
$$= \left(1 - \frac{7}{2}\right)^2 \cdot \frac{1}{6} + \left(2 - \frac{7}{2}\right)^2 \cdot \frac{1}{6} + \left(3 - \frac{7}{2}\right)^2 \cdot \frac{1}{6}$$
$$\quad + \left(4 - \frac{7}{2}\right)^2 \cdot \frac{1}{6} + \left(5 - \frac{7}{2}\right)^2 \cdot \frac{1}{6} + \left(6 - \frac{7}{2}\right)^2 \cdot \frac{1}{6}$$
$$= \frac{25}{4} \cdot \frac{1}{6} + \frac{9}{4} \cdot \frac{1}{6} + \frac{1}{4} \cdot \frac{1}{6} + \frac{1}{4} \cdot \frac{1}{6} + \frac{9}{4} \cdot \frac{1}{6} + \frac{25}{4} \cdot \frac{1}{6}$$
$$= \frac{70}{24} = \frac{35}{12}$$
$$\sigma(X) = \sqrt{V(X)} = \sqrt{\frac{35}{12}} = \frac{\sqrt{105}}{6}$$

である． □

例題 3.1 X を次の確率密度関数 f をもつ確率変数とする．

$$f(x) = \begin{cases} -\dfrac{3}{4}(x+1)(x-1) & (-1 \leq x \leq 1 \text{ のとき}) \\ 0 & (x < -1, x > 1 \text{ のとき}) \end{cases}$$

(1) $\displaystyle\int_{-\infty}^{\infty} f(x)dx = 1$ であることを確かめよ．

(2) 確率変数 X の期待値を求めよ．

(3) 確率変数 X の分散を求めよ．

(4) 確率変数 X の標準偏差を求めよ．

[解答]
(1) (証明) $x < -1, x > 1$ のとき $f(x) = 0$ であるから

$$\int_{-\infty}^{\infty} f(x)dx = \int_{-1}^{1} \left\{-\frac{3}{4}(x+1)(x-1)\right\}dx$$

$$= -\frac{3}{4}\int_{-1}^{1}(x^2-1)dx$$

$$= -\frac{3}{4} \cdot 2\int_{0}^{1}(x^2-1)dx$$

$$= -\frac{3}{2}\left[\frac{x^3}{3} - x\right]_{0}^{1}$$

$$= -\frac{3}{2}\left(\frac{1}{3} - 1\right) = 1$$

(2) 期待値の定義から

$$E(X) = \int_{-\infty}^{\infty} xf(x)dx = \int_{-1}^{1} x\left\{-\frac{3}{4}(x+1)(x-1)\right\}dx$$

$$= -\frac{3}{4}\int_{-1}^{1}(x^3-x)dx = -\frac{3}{4}\left[\frac{3x^4}{4} - \frac{x^2}{2}\right]_{-1}^{1}$$

$$= -\frac{3}{4}\left(\frac{1}{4} - \frac{1}{4}\right) = 0$$

(注) $f(x)$ が偶関数（y 軸に関して対称）であるから，$xf(x)$ は奇関数（原点に関して対称）となる．したがって上の定積分が 0 となるのは明らかである．

(3) $E(X) = 0$ より

$$V(X) = \int_{-\infty}^{\infty}(x - E(X))^2 f(x)dx$$

$$= \int_{-\infty}^{\infty}(x - 0)^2 f(x)dx$$

$$= \int_{-1}^{1} x^2 \left\{-\frac{3}{4}(x+1)(x-1)\right\}dx$$

$$= -\frac{3}{4}\int_{-1}^{1}(x^4 - x^2)dx$$

$$= -\frac{3}{4} \cdot 2\int_{0}^{1}(x^4 - x^2)dx$$

$$= -\frac{3}{2}\left[\frac{x^5}{5} - \frac{x^3}{3}\right]_{0}^{1}$$

$$= -\frac{3}{2}\left(\frac{1}{5} - \frac{1}{3}\right) = \frac{1}{5}$$

(4) $\sigma(X) = \sqrt{V(X)} = \sqrt{\dfrac{1}{5}} = \dfrac{\sqrt{5}}{5}$ □

期待値の性質

定理 3.5 c を任意の実数（定数）とするとき

(1) $E(c) = c$

(2) $E(\varphi(X))$ が存在するならば
$$E(c\varphi(X)) = cE(\varphi(X))$$

(3) $E(\varphi_1(X))$, $E(\varphi_2(X))$ が存在するならば
$$E(\varphi_1(X) + \varphi_2(X)) = E(\varphi_1(X)) + E(\varphi_2(X))$$

証明 X が離散型確率分布をもつとき，$p_i = P(X = x_i)$ $(i = 1, 2, \cdots)$ とおくと

$$E(c) = \sum_{i=1}^{\infty} cp_i = c\sum_{i=1}^{\infty} p_i = c$$

$$E(c\varphi(X)) = \sum_{i=1}^{\infty} c\varphi(x_i)p_i = c\sum_{i=1}^{\infty} \varphi(x_i)p_i = cE(\varphi(X))$$

$$E(\varphi_1(X) + \varphi_2(X)) = \sum_{i=1}^{\infty} \{\varphi_1(x_i) + \varphi_2(x_i)\}p_i$$
$$= \sum_{i=1}^{\infty} \varphi_1(x_i)p_i + \sum_{i=1}^{\infty} \varphi_2(x_i)p_i = E(\varphi_1(X)) + E(\varphi_2(X))$$

が成り立つ．また X が連続型確率分布をもつとき，$f(x)$ を確率密度関数とすると

$$E(c) = \int_{-\infty}^{\infty} cf(x)dx = c\int_{-\infty}^{\infty} f(x)dx = c$$

$$E(c\varphi(X)) = \int_{-\infty}^{\infty} c\varphi(x)f(x)dx = c\int_{-\infty}^{\infty} \varphi(x)f(x)dx = cE(\varphi(X))$$

$$E(\varphi_1(X) + \varphi_2(X)) = \int_{-\infty}^{\infty} \{\varphi_1(x) + \varphi_2(x)\}f(x)dx$$
$$= \int_{-\infty}^{\infty} \varphi_1(x)f(x)dx + \int_{-\infty}^{\infty} \varphi_2(x)f(x)dx = E(\varphi_1(X)) + E(\varphi_2(X))$$

が成り立つ. □

例 **3.7**　　$E(2X^2 - 3X + 1) = 2E(X^2) - 3E(X) + 1$　　□

―― 分散の性質 ――
定理 **3.6**　　$V(X) = E(X^2) - (E(X))^2$

証明　分散の定義と定理 3.5 から

$$\begin{aligned}
V(X) &= E((X - E(X))^2) \\
&= E\left(X^2 - 2E(X)X + (E(X))^2\right) \\
&= E\left(X^2\right) + E\left(-2E(X)X\right) + E\left((E(X))^2\right) \\
&= E(X^2) - 2E(X) \cdot E(X) + (E(X))^2 \\
&= E(X^2) - (E(X))^2
\end{aligned}$$

が成り立つ. □

例 **3.8**　変数 X のとる値を「1 個のサイコロを投げたときの出た目」であると考えたとき

X のとる値	1	2	3	4	5	6	合計
確率	$\frac{1}{6}$	$\frac{1}{6}$	$\frac{1}{6}$	$\frac{1}{6}$	$\frac{1}{6}$	$\frac{1}{6}$	1

であるから，確率変数 X, X^2 の期待値は

$$\begin{aligned}
E(X) &= \sum_{i=1}^{6} i P(X = i) \\
&= 1 \cdot \frac{1}{6} + 2 \cdot \frac{1}{6} + 3 \cdot \frac{1}{6} + 4 \cdot \frac{1}{6} + 5 \cdot \frac{1}{6} + 6 \cdot \frac{1}{6} = \frac{21}{6} = \frac{7}{2} \\
E(X^2) &= \sum_{i=1}^{6} i^2 P(X = i) \\
&= 1^2 \cdot \frac{1}{6} + 2^2 \cdot \frac{1}{6} + 3^2 \cdot \frac{1}{6} + 4^2 \cdot \frac{1}{6} + 5^2 \cdot \frac{1}{6} + 6^2 \cdot \frac{1}{6} = \frac{91}{6}
\end{aligned}$$

したがって，定理 3.6 より，X の分散は

$$V(X) = E(X^2) - (E(X))^2 = \frac{91}{6} - \left(\frac{7}{2}\right)^2 = \frac{35}{12}$$

となる． □

分散・標準偏差の性質

定理 3.7 a, b を任意の実数（定数）とするとき

$$\text{分散} \quad V(aX+b) = a^2 V(X),$$
$$\text{標準偏差} \quad \sigma(aX+b) = |a|\sigma(X)$$

証明 分散および標準偏差の定義と定理 3.5 から

$$\begin{aligned}
V(aX+b) &= E((aX+b - E(aX+b))^2) \\
&= E((aX+b - (aE(X)+b))^2) \\
&= E(a^2(X-E(X))^2) \\
&= a^2 E((X-E(X))^2) \\
&= a^2 V(X), \\
\sigma(aX+b) &= \sqrt{V(aX+b)} \\
&= \sqrt{a^2 V(X)} \\
&= |a|\sqrt{V(X)} \\
&= |a|\sigma(X)
\end{aligned}$$

が成り立つ． □

例 3.9 定理 3.7 より

$$V(-5X+3) = (-5)^2 V(X) = 25 V(X)$$
$$\sigma(-5X+3) = |-5|\sigma(X) = 5\sigma(X)$$

が成り立つ． □

3.6. モーメント母関数と特性関数

---**モーメント（積率）**---

定義 3.11 確率変数 X と実数定数 a に対して

原点の周りの n 次のモーメント (積率) 　　　$E(X^n)$

a の周りの n 次のモーメント (積率) 　　　$E((X-a)^n)$

$$(n=1,2,\ldots)$$

---**モーメント母関数（積率母関数）**---

定義 3.12

$$M(s) = E(e^{sX}) = \begin{cases} \displaystyle\sum_{i=1}^{\infty} e^{sx_i} P(X=x_i) & \text{(離散型のとき)} \\ \displaystyle\int_{-\infty}^{\infty} e^{sx} f(x) dx & \text{(連続型のとき)} \end{cases}$$

を X のモーメント母関数 (moment generating function) という (和または積分が有限であるような s に対して定義する).

REMARK　モーメント母関数は一部の分布（コーシー分布など）では存在しないが，通常用いられる多くの分布に対して存在する. 　　　□

---**モーメント母関数の性質**---

(1) $M^{(n)}(0) = E(X^n)$

(2) $E(X) = M'(0)$

(3) $V(X) = M''(0) - (M'(0))^2$

解説
(1) いま，s は区間 $[-c, c]$ の値をとるものとする.

(a) X が離散型確率変数である場合

$$M'(s) = \frac{d}{ds}\sum_{i=1}^{\infty} e^{sx_i}P(X=x_i)$$
$$= \sum_{i=1}^{\infty}\frac{d}{ds}e^{sx_i}P(X=x_i) = \sum_{i=1}^{\infty}x_i e^{sx_i}P(X=x_i)$$

が成り立つ. [1] 同様にして

$$M''(s) = \sum_{i=1}^{\infty}\frac{d}{ds}x_i e^{sx_i}P(X=x_i) = \sum_{i=1}^{\infty}x_i^2 e^{sx_i}P(X=x_i)$$
$$M^{(3)}(s) = \sum_{i=1}^{\infty}\frac{d}{ds}x_i^2 e^{sx_i}P(X=x_i) = \sum_{i=1}^{\infty}x_i^3 e^{sx_i}P(X=x_i)$$
$$\vdots$$
$$M^{(n)}(s) = \sum_{i=1}^{\infty}\frac{d}{ds}x_i^{n-1}e^{sx_i}P(X=x_i) = \sum_{i=1}^{\infty}x_i^n e^{sx_i}P(X=x_i)$$

が成り立つ. したがって

$$M^{(n)}(0) = \sum_{i=1}^{\infty}x_i^n e^{0\cdot x_i}P(X=x_i) = \sum_{i=1}^{\infty}x_i^n P(X=x_i) = E(X^n)$$

(b) X が連続型確率変数である場合

$$M'(s) = \frac{d}{ds}\int_{-\infty}^{\infty}e^{sx}f(x)dx = \int_{-\infty}^{\infty}\frac{d}{ds}e^{sx}f(x)dx = \int_{-\infty}^{\infty}xe^{sx}f(x)dx$$

が成り立つ. [2] 同様にして

$$M''(s) = \int_{-\infty}^{\infty}\frac{d}{ds}xe^{sx}f(x)dx = \int_{-\infty}^{\infty}x^2 e^{sx}f(x)dx$$
$$M^{(3)}(s) = \int_{-\infty}^{\infty}\frac{d}{ds}x^2 e^{sx}f(x)dx = \int_{-\infty}^{\infty}x^3 e^{sx}f(x)dx$$
$$\vdots$$
$$M^{(n)}(s) = \int_{-\infty}^{\infty}\frac{d}{ds}x^{n-1}e^{sx}f(x)dx = \int_{-\infty}^{\infty}x^n e^{sx}f(x)dx$$

---

[1] Lebesgue の収束定理などから $\sum$ と $\frac{d}{ds}$ が交換可能（項別微分可能）となる.
[2] Lebesgue の収束定理などから $\int$ と $\frac{d}{ds}$ が交換可能となる.

が成り立つ. したがって

$$M^{(n)}(0) = \int_{-\infty}^{\infty} x^n e^{0 \cdot x} f(x)dx = \int_{-\infty}^{\infty} x^n f(x)dx = E(X^n)$$

(2) (1) より $E(X) = M'(0)$ が成り立つ.
(3) (1) より $V(X) = E(X^2) - (E(X))^2 = M''(0) - (M'(0))^2$ が得られる. □

例 3.10 [サイコロの例 (例 3.6 参照)] 変数 X のとる値を「1個のサイコロを投げたときの出た目」であると考えたときの確率分布は以下のようになる.

X のとる値	1	2	3	4	5	6	合計
確率	$\frac{1}{6}$	$\frac{1}{6}$	$\frac{1}{6}$	$\frac{1}{6}$	$\frac{1}{6}$	$\frac{1}{6}$	1

したがって, 確率変数 X のモーメント母関数 $M(s)$ 及びその導関数は

$$\begin{aligned}
M(s) &= E(e^{sX}) \\
&= e^{s \cdot 1} \cdot \frac{1}{6} + e^{s \cdot 2} \cdot \frac{1}{6} + e^{s \cdot 3} \cdot \frac{1}{6} + e^{s \cdot 4} \cdot \frac{1}{6} + e^{s \cdot 5} \cdot \frac{1}{6} + e^{s \cdot 6} \cdot \frac{1}{6} \\
&= \frac{1}{6}\left(e^s + e^{2s} + e^{3s} + e^{4s} + e^{5s} + e^{6s}\right) \\
M'(s) &= \frac{1}{6}\left(e^s + 2e^{2s} + 3e^{3s} + 4e^{4s} + 5e^{5s} + 6e^{6s}\right) \\
M''(s) &= \frac{1}{6}\left(e^s + 4e^{2s} + 9e^{3s} + 16e^{4s} + 25e^{5s} + 36e^{6s}\right)
\end{aligned}$$

となる. モーメント母関数を用いて, 確率変数 X の期待値, 分散を計算すると

$$\begin{aligned}
E(X) &= M'(0) \\
&= \frac{1}{6}\left(e^0 + 2e^0 + 3e^0 + 4e^0 + 5e^0 + 6e^0\right) \\
&= \frac{1}{6}(1 + 2 + 3 + 4 + 5 + 6) \\
&= \frac{21}{6} = \frac{7}{2} \\
V(X) &= M''(0) - (M'(0))^2 \\
&= \frac{1}{6}\left(e^0 + 4e^0 + 9e^0 + 16e^0 + 25e^0 + 36e^0\right) - \left(\frac{7}{2}\right)^2
\end{aligned}$$

$$= \frac{1}{6}(1+4+9+16+25+36) - \frac{49}{4}$$
$$= \frac{91}{6} - \frac{49}{4} = \frac{35}{12}$$

が得られる. □

特性関数

定義 3.13

$$\phi(t) = E(e^{itX}) = \begin{cases} \displaystyle\sum_{k=1}^{\infty} e^{itx_k} P(X=x_k) & \text{(離散型のとき)} \\ \displaystyle\int_{-\infty}^{\infty} e^{itx} f(x) dx & \text{(連続型のとき)} \end{cases}$$

を X の特性関数 (characteristic function) という. ただし, i は虚数単位を意味する.

REMARK モーメント母関数は一部の分布（コーシー分布など）では存在しないことがあるが, 特性関数は, どんな分布に対しても存在する. □

REMARK 特性関数 $\phi(t) = E(e^{itX})$ は以下の様に表される複素数の値をとる関数である.
- 離散型のとき

$$\phi(t) = E(e^{itX}) = \sum_{k=1}^{\infty} e^{itx_k} P(X=x_k)$$
$$= \sum_{k=1}^{\infty} (\cos(tx_k) + i\sin(tx_k)) P(X=x_k)$$
$$= \sum_{k=1}^{\infty} \cos(tx_k) P(X=x_k) + i\sum_{k=1}^{\infty} \sin(tx_k) P(X=x_k)$$

- 連続型のとき

$$\phi(t) = E(e^{itX}) = \int_{-\infty}^{\infty} e^{itx} f(x) dx$$
$$= \int_{-\infty}^{\infty} (\cos(tx) + i\sin(tx)) f(x) dx$$

$$= \int_{-\infty}^{\infty} \cos(tx)f(x)dx + i\int_{-\infty}^{\infty} \sin(tx)f(x)dx$$

より詳しく説明すると $z \in \mathbb{C}$(複素数全体) に対して

$$e^z = \sum_{n=0}^{\infty} \frac{z^n}{n!}$$

と定義する．複素数 $z \in \mathbb{C}$ の三角関数は

$$\cos z = \sum_{n=0}^{\infty} \frac{(-1)^n z^{2n}}{(2n)!}$$
$$\sin z = \sum_{n=0}^{\infty} \frac{(-1)^n z^{2n+1}}{(2n+1)!}$$

によって定義される．これを用いると

$$\cos z + i\sin z = \sum_{n=0}^{\infty} \frac{(-1)^n z^{2n}}{(2n)!} + i\sum_{n=0}^{\infty} \frac{(-1)^n z^{2n+1}}{(2n+1)!}$$
$$= \sum_{n=0}^{\infty} \frac{(i^2)^n z^{2n}}{(2n)!} + \sum_{n=0}^{\infty} \frac{i(i^2)^n z^{2n+1}}{(2n+1)!}$$
$$= \sum_{n=0}^{\infty} \frac{(iz)^{2n}}{(2n)!} + \sum_{n=0}^{\infty} \frac{(iz)^{2n+1}}{(2n+1)!}$$
$$= \sum_{n=0}^{\infty} \frac{(iz)^n}{n!} = e^{iz}$$

となるので

$$e^{iz} = \cos z + i\sin z \quad (\text{Euler の公式})$$

が成り立つ[3]．$e^{x+yi}(x,y \in \mathbb{R})$ を上の形で表すと

$$e^{x+yi} = e^x(\cos y + i\sin y)$$

となる． □

---

[3] この等式に π を代入すると，$e^{i\pi} = \cos\pi + i\sin\pi = -1$ となり，有名な形 $e^{i\pi}+1=0$ が現れる．

特性関数の性質

(1) $\phi^{(n)}(0) = i^n E(X^n)$

(2) $E(X) = \dfrac{\phi'(0)}{i}$

(3) $V(X) = -\phi''(0) + (\phi'(0))^2$

解説

(1) モーメント母関数 $M(s)$ は複素数に対しては定義していないが，M の式の s のところに it を代入したものを便宜上 $M(it)$ と記すことにすると，特性関数は $M(it)$ になる．つまり，
$$\phi(t) = M(it)$$
によって計算することができる．これにより
$$\phi'(t) = iM'(it), \quad \phi''(t) = i^2 M''(it), \ldots, \phi^{(n)}(t) = i^n M^{(n)}(it)$$
が成り立つ．したがって，モーメント母関数の性質から
$$\phi^{(n)}(0) = i^n M^{(n)}(0) = i^n E(X^n)$$
が得られる．

(2) (1) より $\phi'(0) = iE(X)$ より $E(X) = \frac{\phi'(0)}{i}$ が成り立つ．．

(3) (1) より
$$V(X) = E(X^2) - (E(X))^2 = \frac{\phi''(0)}{i^2} - \left(\frac{\phi'(0)}{i}\right)^2 = -\phi''(0) + (\phi'(0))^2$$
が成り立つ． $\square$

演習問題

問題 3.1 次の関係を証明せよ．
$$P(A^c) = 1 - P(A)$$

問題 3.2 試行：「1個のサイコロを投げる」に対して，
事象：「サイコロを投げた結果（出た目）」を考えるとき

標本空間 $\Omega = \{a_1, a_2, a_3, a_4, a_5, a_6\}$，ただし $a_i : i$ の目，$(i = 1, 2, 3, 4, 5, 6)$

とする.

(1) 事象の全体 $\mathcal{F}$ を求めよ.

(2) 全ての目が等しい可能性で出現すると仮定したとき,$P(\Omega)$,$P(\{a_1\})$,$P(\{a_2\})$,$P(\{a_3\})$,$P(\{a_4\})$,$P(\{a_5\})$,$P(\{a_6\})$,$P(\emptyset)$ の値を決めよ.

(3) 偶数の目が出る確率を $P(\{a_2, a_4, a_6\})$ を計算せよ.

問題 3.3 「1 個のサイコロを投げたときの結果」を考えたとき

- 標本空間 $\Omega = \{a_1, a_2, a_3, a_4, a_5, a_6\}$,
  ただし $a_i : i$ の目 $(i = 1, 2, 3, 4, 5, 6)$

- 事象の全体 $\mathcal{F} = (\Omega$ のすべての部分集合$)$

- $P(\Omega) = 1$
  $P(\{a_1\}) = P(\{a_2\}) = P(\{a_3\}) = P(\{a_4\}) = P(\{a_5\}) = P(\{a_6\}) = \frac{1}{6}$
  $P(\emptyset) = 0$

とする.このとき変数 X のとる値を

$$X(a_i) = 10i \quad (i = 1, 2, 3, 4, 5, 6)$$

と定める.

(1) X は確率変数であることを確かめよ.

(2) X の分布関数 F を求めよ.

第4章　基本的な確率分布

4.1. 確率分布の考え方

ある事象がどれくらいの確率で起こるのかを逐一まとめたものを確率分布という．現実の標本と母集団に対する推測の比較から考えると，現実の標本は有限個の1つひとつばらばらのヒストグラムのような事象の集まりとなり，これを「離散型分布」と呼ぶ．「二項分布」「ポアソン分布」「幾何分布」などの離散型分布がある．これに対して，母集団がきわめて大きい場合や無限の場合は確率分布を確率密度関数を用いて曲線として表し，これを「連続型分布」という．「一様分布」「正規分布」「指数分布」などが連続型分布に属する．

4.2. 基本的な確率分布（離散型）

4.2.1.　二項分布

二項分布 (binomial distribution) $B(n,p)$

自然数 n と 実数 p $(0 \leq p \leq 1)$ に対して

$$P(X=k) = {}_n\mathbf{C}_k \, p^k (1-p)^{n-k} \quad (k=0,1,\cdots,n)$$

二項分布は，各回の試行が互いに独立で，1回の試行でのある事象 A が起こる確率が p である場合において，この試行を n 回繰り返すとき，事象 A がちょうど k 回起こる確率を意味する．

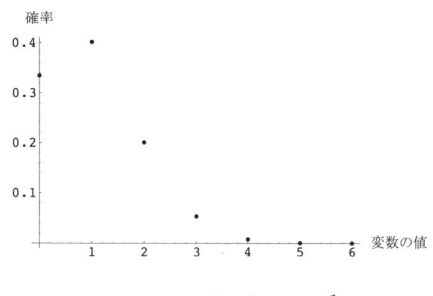

図 4.1: 二項分布 $B(6, \frac{1}{6})$

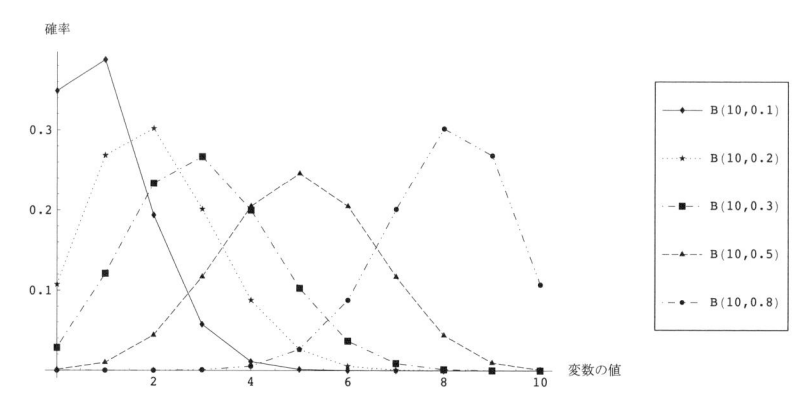

図 4.2: 二項分布 $B(10, p)$: p を変化させた場合

―― 二項分布の性質 ――

定理 4.1 X が二項分布 $B(n, p)$ に従うとき

- (期待値) $E(X) = np$
- (分散) $V(X) = np(1-p)$
- (標準偏差) $\sigma(X) = \sqrt{np(1-p)}$
- (モーメント母関数) $M(t) = (pe^t + 1 - p)^n$
- (特性関数) $\phi(t) = (pe^{it} + 1 - p)^n$

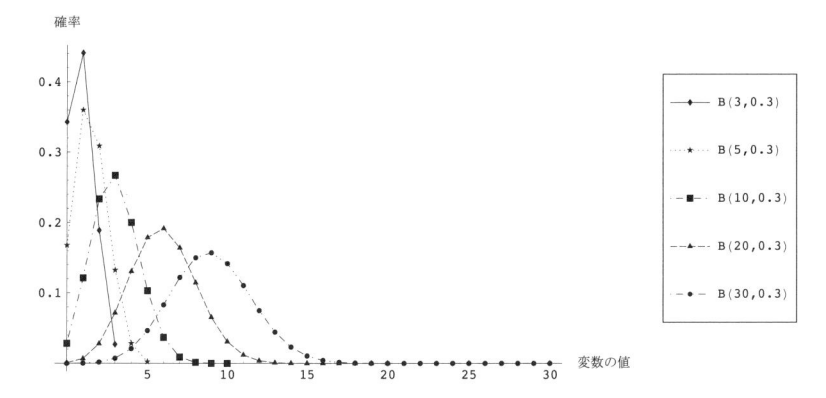

図 4.3: 二項分布 $B(n, 0.3)$: n を変化させた場合

証明 $\quad {}_n\mathbf{C}_k = \dfrac{n}{k} \cdot {}_{n-1}\mathbf{C}_{k-1} \ (1 \leq k \leq n)$ が成り立つことから，次のように計算することができる．

$$\begin{aligned}
E(X) &= \sum_{k=0}^{n} k \, {}_n\mathbf{C}_k \, p^k (1-p)^{n-k} = \sum_{k=1}^{n} k \, {}_n\mathbf{C}_k \, p^k (1-p)^{n-k} \\
&= \sum_{k=1}^{n} n \, {}_{n-1}\mathbf{C}_{k-1} \, p^k (1-p)^{n-k} = \sum_{k=0}^{n-1} n \, {}_{n-1}\mathbf{C}_k \, p^{k+1} (1-p)^{n-(k+1)} \\
&= np \sum_{k=0}^{n-1} {}_{n-1}\mathbf{C}_k \, p^k (1-p)^{(n-1)-k} = np\{p + (1-p)\}^{n-1} = np
\end{aligned}$$

$$\begin{aligned}
E(X^2) &= E(X(X-1) + X) = E(X(X-1)) + E(X) \\
&= \sum_{k=0}^{n} k(k-1) \, {}_n\mathbf{C}_k \, p^k (1-p)^{n-k} + np \\
&= \sum_{k=2}^{n} k(k-1) \, {}_n\mathbf{C}_k \, p^k (1-p)^{n-k} + np \\
&= \sum_{k=2}^{n} n(n-1) \, {}_{n-2}\mathbf{C}_{k-2} \, p^k (1-p)^{n-k} + np \\
&\quad (\ {}_n\mathbf{C}_k = \tfrac{n}{k} \cdot {}_{n-1}\mathbf{C}_{k-1} = \tfrac{n}{k} \cdot \tfrac{n-1}{k-1} \cdot {}_{n-2}\mathbf{C}_{k-2} \ (2 \leq k \leq n) \text{ より }) \\
&= \sum_{k=0}^{n-2} n(n-1) \, {}_{n-2}\mathbf{C}_k \, p^{k+2} (1-p)^{n-(k+2)} + np
\end{aligned}$$

$$= n(n-1)p^2 \sum_{k=0}^{n-2} {}_{n-2}\mathbf{C}_k\, p^k(1-p)^{(n-2)-k} + np$$
$$= n(n-1)p^2\{p+(1-p)\}^{n-2} + np = n(n-1)p^2 + np$$

$V(X) = E(X^2) - (E(X))^2 = n(n-1)p^2 + np - (np)^2 = np(1-p),$
$\sigma(X) = \sqrt{V(X)} = \sqrt{np(1-p)}.$

$$M(t) = E(e^{tX}) = \sum_{k=0}^{n} e^{tk}\, {}_n\mathbf{C}_k\, p^k(1-p)^{n-k}$$
$$= \sum_{k=0}^{n} {}_n\mathbf{C}_k (pe^t)^k (1-p)^{n-k} = (pe^t + 1 - p)^n$$

特性関数はモーメント母関数の t の代わりに it を代入すれば求まるが,直接計算すると

$$\phi(t) = E(e^{itX}) = \sum_{k=0}^{n} e^{itk}\, {}_n\mathbf{C}_k\, p^k(1-p)^{n-k}$$
$$= \sum_{k=0}^{n} {}_n\mathbf{C}_k (pe^{it})^k (1-p)^{n-k} = (pe^{it} + 1 - p)^n$$

が成り立つ. □

REMARK モーメント母関数を用いて期待値,分散を求めると次のようになる. $M(t) = (pe^t + 1 - p)^n$ より

$$M'(t) = n(pe^t + 1 - p)^{n-1} \cdot pe^t = npe^t(pe^t + 1 - p)^{n-1}$$
$$M''(t) = npe^t(pe^t + 1 - p)^{n-1} + npe^t(n-1)(pe^t + 1 - p)^{n-2} \cdot pe^t$$
$$= npe^t(pe^t + 1 - p)^{n-1} + n(n-1)p^2 e^{2t}(pe^t + 1 - p)^{n-2}$$

したがって,$E(X^n) = M^{(n)}(0)$ より

$$E(X) = M'(0) = npe^0(pe^0 + 1 - p)^{n-1} = np$$
$$V(X) = E(X^2) - (E(X))^2 = M''(0) - (M'(0))^2$$
$$= npe^0(pe^0 + 1 - p)^{n-1} + n(n-1)p^2 e^0(pe^0 + 1 - p)^{n-2} - (np)^2$$
$$= np + n(n-1)p^2 - (np)^2 = np - np^2 = np(1-p)$$

が得られる. □

REMARK 特性関数を用いて期待値，分散を求めると次のようになる．$\phi(t) = (pe^{it} + 1 - p)^n$ より

$$\phi'(t) = n(pe^{it} + 1 - p)^{n-1} \cdot ipe^{it} = inpe^{it}(pe^{it} + 1 - p)^{n-1}$$
$$\phi''(t) = -npe^{it}(pe^{it} + 1 - p)^{n-1} + inpe^{it}(n-1)(pe^{it} + 1 - p)^{n-2} \cdot ipe^{it}$$
$$= -npe^{it}(pe^{it} + 1 - p)^{n-1} - n(n-1)p^2 e^{2it}(pe^{it} + 1 - p)^{n-2}$$

したがって，$E(X^n) = \dfrac{\phi^{(n)}(0)}{i^n}$ より

$$E(X) = \frac{\phi'(0)}{i} = \frac{inpe^0(pe^0 + 1 - p)^{n-1}}{i} = \frac{inp}{i} = np$$
$$V(X) = E(X^2) - (E(X))^2 = \frac{\phi''(0)}{i^2} - \left(\frac{\phi'(0)}{i}\right)^2$$
$$= \frac{-npe^0(pe^0 + 1 - p)^{n-1} - n(n-1)p^2 e^0 (pe^0 + 1 - p)^{n-2}}{i^2} - (np)^2$$
$$= np + n(n-1)p^2 - (np)^2 = np - np^2 = np(1-p)$$

が成り立つ． □

例 4.1 サイコロを 60 回投げたときの 2 の目が出る回数を X とすると，確率変数 X は二項分布 $B\left(60, \frac{1}{6}\right)$ に従う．よって

$$\text{(期待値)} \quad E(X) = 60 \cdot \frac{1}{6} = 10$$
$$\text{(分散)} \quad V(X) = 60 \cdot \frac{1}{6} \cdot \frac{5}{6} = \frac{25}{3}$$
$$\text{(標準偏差)} \quad \sigma(X) = \sqrt{\frac{25}{3}} = \frac{5\sqrt{3}}{3}$$

が成り立つ． □

4.2.2. ポワソン分布

ポワソン分布 (Poisson distribution)

$$P(X = k) = \frac{\lambda^k}{k!} e^{-\lambda} \quad (k = 0, 1, 2, \cdots) \quad \text{ただし } \lambda > 0$$

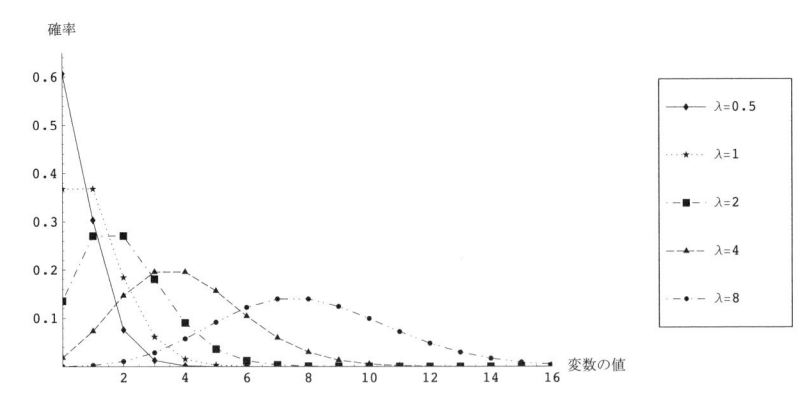

図 4.4: ポワソン分布: 平均 λ を変化させた場合

REMARK　e は
$$e = \sum_{k=0}^{\infty} \frac{1}{k!} = 2.7182\cdots$$
によって定義される，自然対数の底と呼ばれる値である．□

REMARK　ポワソン分布は，不規則に何度も起こる事象に対して，前に事象が起こった時間に関係なく，次の事象が起こるような場合に対して，一定時間において事象が起こった回数の分布として用いられる．例えば

- 一定時間における客の到着数の分布
- 一定時間におけるタクシーの到着数の分布
- 一定時間における機械故障回数の分布 (稼働時間と故障が無関係の場合)
- 一定時間における事故発生回数の分布

などがある．□

例題 4.1　X がポワソン分布に従うとき
$$\sum_{k=0}^{\infty} P(X=k) = 1$$
が満たされていることを確認せよ．

[解答]　(証明) $\displaystyle\sum_{k=0}^{\infty} P(X=k) = \sum_{k=0}^{\infty} \frac{\lambda^k e^{-\lambda}}{k!} = e^{-\lambda} \sum_{k=0}^{\infty} \frac{\lambda^k}{k!} = e^{-\lambda} e^{\lambda} = 1$　□

REMARK 二項分布 $B(n,p)$ において，期待値 $\lambda = np$ を一定にしたまま n を大きくし，p を小さくすると，図 4.5 のようにポワソン分布に近づくことがわかる．一般に，各 $k = 0, 1, 2, \cdots$ に対して

$$_n\mathbf{C}_k\, p^k(1-p)^{n-k} \to e^{-\lambda}\frac{\lambda^k}{k!} \quad (n \to \infty)$$

が成り立つ（計算を要する）． □

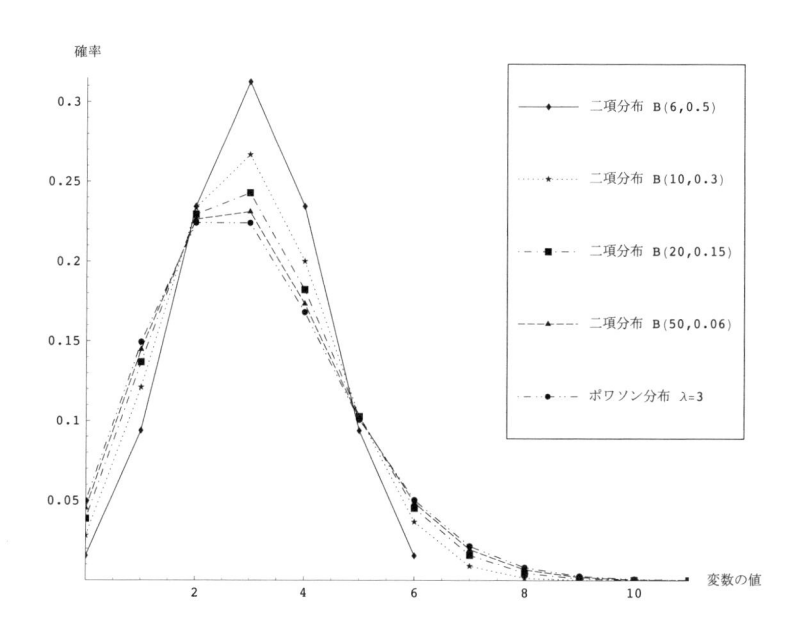

図 4.5: 二項分布 $(np = 3)$ とポワソン分布 $(\lambda = 3)$

―――― ポワソン分布の性質 ――――

定理 4.2 X がポワソン分布に従うとき

(期待値) $\quad E(X) = \lambda$,

(分散) $\quad V(X) = \lambda$

(標準偏差) $\quad \sigma(X) = \sqrt{\lambda}$

(モーメント母関数) $\quad M(t) = e^{\lambda(e^t - 1)}$

(特性関数) $\quad \phi(t) = e^{\lambda(e^{it} - 1)}$

証明 $\sum_{k=0}^{\infty} \frac{\lambda^k}{k!} = e^\lambda$ が成り立つことから

$$E(X) = \sum_{k=0}^{\infty} k \cdot \frac{\lambda^k e^{-\lambda}}{k!} = \sum_{k=1}^{\infty} \frac{k \lambda^k e^{-\lambda}}{k!} = e^{-\lambda} \sum_{k=1}^{\infty} \frac{\lambda^k}{(k-1)!}$$

$$= e^{-\lambda} \sum_{k=0}^{\infty} \frac{\lambda^{k+1}}{k!} = \lambda e^{-\lambda} \sum_{k=0}^{\infty} \frac{\lambda^k}{k!} = \lambda e^{-\lambda} e^\lambda = \lambda$$

$$E(X^2) = E(X(X-1) + X) = E(X(X-1)) + E(X)$$

$$= \sum_{k=0}^{\infty} k(k-1) \cdot \frac{\lambda^k e^{-\lambda}}{k!} + \lambda = \sum_{k=2}^{\infty} \frac{k(k-1) \lambda^k e^{-\lambda}}{k!} + \lambda$$

$$= e^{-\lambda} \sum_{k=2}^{\infty} \frac{\lambda^k}{(k-2)!} + \lambda = e^{-\lambda} \sum_{k=0}^{\infty} \frac{\lambda^{k+2}}{k!} + \lambda$$

$$= \lambda^2 e^{-\lambda} \sum_{k=0}^{\infty} \frac{\lambda^k}{k!} + \lambda = \lambda^2 e^{-\lambda} e^\lambda + \lambda = \lambda^2 + \lambda$$

$$V(X) = E(X^2) - (E(X))^2 = \lambda^2 + \lambda - \lambda^2 = \lambda$$

$$\sigma(X) = \sqrt{V(X)} = \sqrt{\lambda}$$

$$M(t) = E(e^{tX}) = \sum_{k=0}^{\infty} e^{tk} \cdot \frac{\lambda^k e^{-\lambda}}{k!}$$

$$= e^{-\lambda} \sum_{k=0}^{\infty} \frac{(e^t \lambda)^k}{k!} = e^{-\lambda} e^{e^t \lambda} = e^{e^t \lambda - \lambda} = e^{\lambda(e^t - 1)}$$

$$\phi(t) = E(e^{itX}) = \sum_{k=0}^{\infty} e^{itk} \cdot \frac{\lambda^k e^{-\lambda}}{k!}$$

$$= e^{-\lambda} \sum_{k=0}^{\infty} \frac{(e^{it} \lambda)^k}{k!} = e^{-\lambda} e^{e^{it} \lambda} = e^{e^{it} \lambda - \lambda} = e^{\lambda(e^{it} - 1)}$$

が得られる．モーメント母関数を用いて，期待値，分散を求めると次のようになる．

$$M'(t) = e^{\lambda(e^t-1)} \cdot \lambda e^t = \lambda e^{\lambda e^t - \lambda + t}$$
$$M''(t) = \lambda e^{\lambda e^t - \lambda + t}(\lambda e^t + 1)$$

より

$$M'(0) = \lambda e^{\lambda e^0 - \lambda + 0} = \lambda$$
$$M''(0) = \lambda e^{\lambda e^0 - \lambda + 0}(\lambda e^0 + 1) = \lambda(\lambda + 1)$$

である．したがって

$$E(X) = M'(0) = \lambda$$
$$V(X) = E(X^2) - (E(X))^2 = M''(0) - (M'(0))^2 = \lambda(\lambda+1) - \lambda^2 = \lambda$$

特性関数を用いて，期待値，分散を求めると次のようになる．

$$\phi'(t) = e^{\lambda(e^{it}-1)} \cdot i\lambda e^{it} = i\lambda e^{\lambda e^{it} - \lambda + it}$$
$$\phi''(t) = i\lambda e^{\lambda e^{it} - \lambda + it}(i\lambda e^{it} + i)$$

より

$$\phi'(0) = i\lambda e^{\lambda e^0 - \lambda + 0} = i\lambda$$
$$\phi''(0) = i\lambda e^{\lambda e^0 - \lambda + 0}(i\lambda e^0 + i) = -\lambda(\lambda + 1)$$

したがって

$$E(X) = \frac{\phi'(0)}{i} = \frac{i\lambda}{i} = \lambda$$
$$V(X) = E(X^2) - (E(X))^2 = \frac{\phi''(0)}{i^2} - \left(\frac{\phi'(0)}{i}\right)^2 = \frac{-\lambda(\lambda+1)}{-1} - \lambda^2 = \lambda$$

が成り立つ． □

4.2.3. 幾何分布

--- 幾何分布 ---

実数 $p\ (0 < p \le 1)$ に対して

$$P(X = k) = (1-p)^{k-1}p \quad (k = 1, 2, 3, \cdots)$$

幾何分布は，各回の試行が互いに独立で，1回の試行でのある事象 A が起こる確率が p である場合において，この試行を繰り返し行うとき，事象 A が k 回目で初めて起こる確率を意味する．

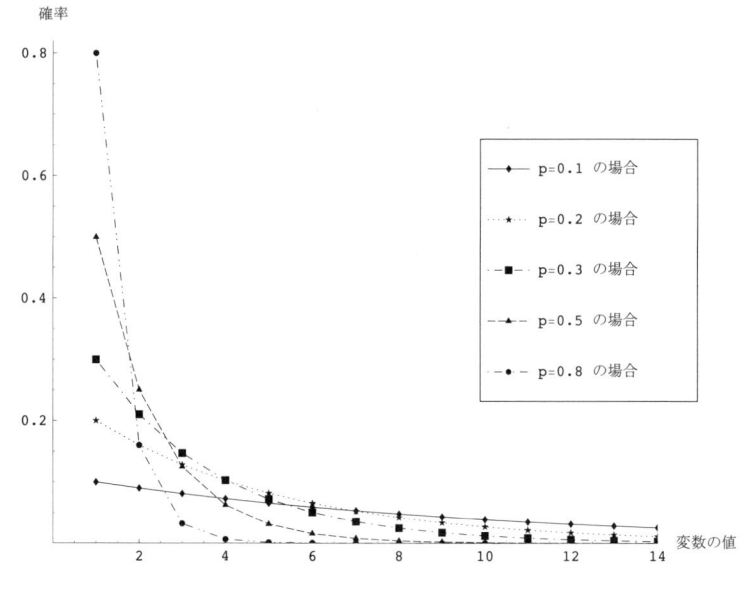

図 4.6: 幾何分布

例題 4.2 X が幾何分布に従うとき $\sum_{k=1}^{\infty} P(X = k) = 1$ が満たされていることを確認せよ．

[解答]　（証明）

$$\sum_{k=1}^{\infty} P(X=k) = \sum_{k=1}^{\infty}(1-p)^{k-1}p = p \cdot \frac{1}{1-(1-p)} = 1$$

□

───── 幾何分布の性質 ─────

定理 4.3　X が幾何分布に従うとき

（期待値）　　　$E(X) = \dfrac{1}{p}$

（分散）　　　　$V(X) = \dfrac{1-p}{p^2}$

（標準偏差）　　$\sigma(X) = \sqrt{\dfrac{1-p}{p^2}}$

4.3. 基本的な確率分布（連続型）

4.3.1. 一様分布

───── 一様分布 (uniform distribution) ─────

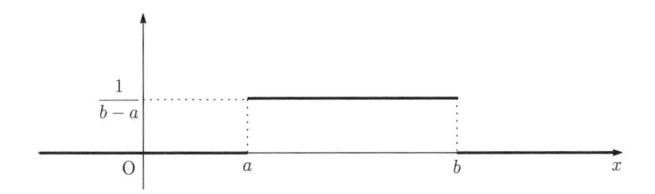

確率密度関数　$f(x) = \begin{cases} \dfrac{1}{b-a} & (x \in [a,b] \text{ のとき}) \\ 0 & (x \notin [a,b] \text{ のとき}) \end{cases}$

図 4.7: 一様分布の確率密度関数

4.3. 基本的な確率分布（連続型）

例題 4.3 X が一様分布に従うとき

$$\int_{-\infty}^{\infty} f(x)dx = 1$$

が満たされていることを確認せよ．

[解答]　（証明）
$$\int_{-\infty}^{\infty} f(x)dx = \int_{a}^{b} \frac{dx}{b-a} = \frac{1}{b-a} \cdot (b-a) = 1 \qquad \square$$

――― 一様分布の性質 ―――

定理 4.4 X が区間 $[a,b]$ 上の一様分布に従うとき

(期待値)　　$E(X) = \dfrac{a+b}{2}$

(分散)　　$V(X) = \dfrac{(b-a)^2}{12}$

(標準偏差)　　$\sigma(X) = \sqrt{\dfrac{(b-a)^2}{12}}$

証明

$$E(X^k) = \int_{-\infty}^{\infty} x^k f(x)dx = \int_{a}^{b} \frac{x^k}{b-a}dx = \frac{b^{k+1} - a^{k+1}}{(k+1)(b-a)} \quad (k = 0, 1, 2, \cdots)$$

が得られるので，期待値および分散は

$$E(X) = \frac{b^2 - a^2}{2(b-a)} = \frac{a+b}{2}$$

$$V(X) = E(X^2) - (E(X))^2 = \frac{b^3 - a^3}{3(b-a)} - \left(\frac{a+b}{2}\right)^2 = \frac{(b-a)^2}{12}$$

となる．　$\square$

4.3.2. 正規分布

―― 正規分布 ――

正規分布 (normal distribution) $N(\mu, \sigma^2)$

確率密度関数 $\quad f_{\mu,\sigma^2}(x) = \dfrac{1}{\sqrt{2\pi}\sigma} \exp\left(-\dfrac{(x-\mu)^2}{2\sigma^2}\right)$

$(-\infty < \mu < \infty,\ \sigma > 0)$

標準正規分布 (standard normal distribution) $N(0,1)$ [1]

確率密度関数 $\quad f_{0,1}(x) = \dfrac{1}{\sqrt{2\pi}} \exp\left(-\dfrac{x^2}{2}\right)$

REMARK $\exp$ は $\exp(f(x)) = e^{f(x)}$ を意味する. □

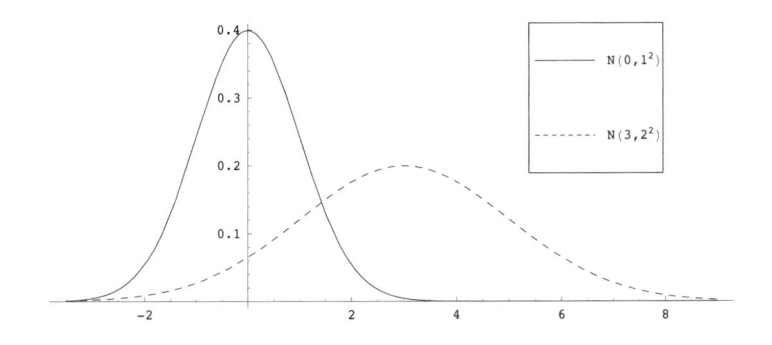

図 4.8: 正規分布の確率密度関数

REMARK 上の確率密度関数は明らかに $f_{\mu,\sigma^2}(x) \geq 0$ を満たすが, $\int_{-\infty}^{\infty} f_{\mu,\sigma^2}(x)dx = 1$ を満たすことについては, 次のようにして確かめることができる.

$$\int_{-\infty}^{\infty} f_{\mu,\sigma^2}(x)dx = \int_{-\infty}^{\infty} \frac{1}{\sqrt{2\pi}\sigma} \exp\left(-\frac{(x-\mu)^2}{2\sigma^2}\right)dx$$

---

[1] 2 乗を強調して $N(0, 1^2)$ と記すこともある.

$$= \frac{1}{\sqrt{2\pi}} \int_{-\infty}^{\infty} \exp\left(-\frac{t^2}{2}\right) dt \quad (\,x = \mu + \sigma t\text{ と置換}\,)$$

$$= \frac{2}{\sqrt{2\pi}} \int_{0}^{\infty} \exp\left(-\frac{t^2}{2}\right) dt \quad (\,\exp(-\frac{t^2}{2})\text{ は偶関数}\,)$$

ここで，よく知られた積分公式

$$\int_0^\infty \exp(-a^2 t^2) dt = \sqrt{\frac{\pi}{4a^2}}$$

を用いることにより $\int_{-\infty}^{\infty} f_{\mu,\sigma^2}(x) dx = \frac{2}{\sqrt{2\pi}} \cdot \sqrt{\frac{\pi}{2}} = 1$ が成り立つ． □

―― 標準化 ――

定理 4.5 確率変数 X が正規分布 $N(\mu, \sigma^2)$ に従うとき，変換

$$Z = \frac{X - \mu}{\sigma}$$

で新しい確率変数 Z をつくると，Z は標準正規分布 $N(0,1)$ に従う．上の変換をおこなうことを標準化という．

証明 X の確率密度関数は $f_{\mu,\sigma^2} = \frac{1}{\sqrt{2\pi}\sigma} \exp\left(-\frac{(x-\mu)^2}{2\sigma^2}\right)$ であるから，

$$P(Z \leq z) = P\left(\frac{X-\mu}{\sigma} \leq z\right) = P(X \leq \mu + \sigma z)$$

$$= \int_{-\infty}^{\mu+\sigma z} \frac{1}{\sqrt{2\pi}\sigma} \exp\left(-\frac{(x-\mu)^2}{2\sigma^2}\right) dx$$

$x = \mu + \sigma t$ と置いて置換積分をおこなうことにより

$$P(Z \leq z) = \int_{-\infty}^{z} \frac{1}{\sqrt{2\pi}\sigma} \exp\left(-\frac{t^2}{2}\right) \cdot \sigma dt = \int_{-\infty}^{z} \frac{1}{\sqrt{2\pi}} \exp\left(-\frac{t^2}{2}\right) dt$$

が成り立つので，Z の確率密度関数は $f_{0,1}$ である．従って，Z は $N(0,1)$ に従う． □

―――― 標準正規分布の性質 ――――

定理 4.6　確率変数 Z が標準正規分布 $N(0,1)$ に従うとき

　　(期待値)　　　　$E(Z) = 0$

　　(分散)　　　　　$V(Z) = 1$

　　(標準偏差)　　　$\sigma(Z) = 1$

証明　期待値の定義から $E(Z) = \displaystyle\int_{-\infty}^{\infty} x \cdot \frac{1}{\sqrt{2\pi}} \exp\left(-\frac{x^2}{2}\right) dx$ と表すことができる．ここで，$x \exp\left(-\frac{x^2}{2}\right)$ は奇関数であるから，$E(Z) = 0$ が得られる．次に，$E(Z) = 0$ から

$$V(Z) = E((Z - E(Z))^2) = E(Z^2) = \int_{-\infty}^{\infty} x^2 \cdot \frac{1}{\sqrt{2\pi}} \exp\left(-\frac{x^2}{2}\right) dx$$

ここで，$x^2 \exp\left(-\frac{x^2}{2}\right)$ は偶関数であるから

$$\begin{aligned}
V(Z) &= \frac{2}{\sqrt{2\pi}} \int_0^{\infty} x^2 \exp\left(-\frac{x^2}{2}\right) dx = \frac{2}{\sqrt{2\pi}} \int_0^{\infty} (-x) \cdot \frac{d}{dx} \exp\left(-\frac{x^2}{2}\right) dx \\
&= \frac{2}{\sqrt{2\pi}} \left(\left[-x \exp\left(-\frac{x^2}{2}\right) \right]_0^{\infty} - \int_0^{\infty} (-1) \cdot \exp\left(-\frac{x^2}{2}\right) dx \right) \\
&= \frac{2}{\sqrt{2\pi}} \left(0 - 0 + \sqrt{\frac{\pi}{2}} \right) \\
&= 1
\end{aligned}$$

さらに $\sigma(Z) = \sqrt{V(Z)} = 1$ も成り立つ．　　□

―――― 正規分布の性質 ――――

定理 4.7　確率変数 X が正規分布 $N(\mu, \sigma^2)$ に従うとき

　　(期待値)　　　　$E(X) = \mu$

　　(分散)　　　　　$V(X) = \sigma^2$

　　(標準偏差)　　　$\sigma(X) = \sigma$

証明　$Z = \frac{X-\mu}{\sigma}$ とおくと，Z は $N(0,1)$ に従うから $E(Z) = 0$, $V(Z) = 1$, $\sigma(Z) = 1$

が成り立つ．従って

$$E(X) = E(\sigma Z + \mu) = \sigma E(Z) + \mu = \mu$$
$$V(X) = V(\sigma Z + \mu) = \sigma^2 V(Z) = \sigma^2, \quad \sigma(X) = \sqrt{V(X)} = \sigma$$

が得られる． □

標準正規分布 $N(0,1)$ に従う確率変数 $N_{0,1}$ に対して確率

$$P(0 < N_{0,1} \leq x) = \alpha$$

は巻末の付表 (標準正規分布表) のようになる．例えば，確率 $P(0 < N_{0,1} \leq 0.52)$ は 0.19847 (6 段目の左から 3 番目) である．

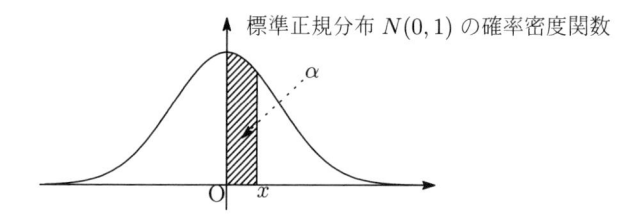

標準正規分布 $N(0,1)$ の確率密度関数

例 4.2 X が正規分布 $N(\mu, \sigma^2)$ の確率変数のとき，標準正規分布表より

$$\begin{aligned} P(\mu - \sigma \leq X \leq \mu + \sigma) &= P\left(-1 \leq \frac{X-\mu}{\sigma} \leq 1\right) = P(-1 \leq Z \leq 1) \\ &= \frac{1}{\sqrt{2\pi}} \int_{-1}^{1} \exp\left(-\frac{t^2}{2}\right) dt \\ &= \frac{2}{\sqrt{2\pi}} \int_{0}^{1} \exp\left(-\frac{t^2}{2}\right) dt \\ &= 2P(0 \leq Z \leq 1) = 2 \cdot 0.3413 = 0.6826 \end{aligned}$$

となる． □

例題 4.4 $P(\mu - 2\sigma \leq X \leq \mu + 2\sigma)$, $P(\mu - 3\sigma \leq X \leq \mu + 3\sigma)$ を計算せよ．

[解答] 例 4.2 と同様に，標準化により

$$P(\mu - 2\sigma \leq X \leq \mu + 2\sigma) = P(-2 \leq \frac{X-\mu}{\sigma} \leq 2) = 2P(0 \leq \frac{X-\mu}{\sigma} \leq 2)$$
$$= 2 \cdot 0.4772 = 0.9544$$
$$P(\mu - 3\sigma \leq X \leq \mu + 3\sigma) = P(-3 \leq \frac{X-\mu}{\sigma} \leq 3) = 2P(0 \leq \frac{X-\mu}{\sigma} \leq 3)$$
$$= 2 \cdot 0.4987 = 0.9974$$

が成り立つ． □

4.3.3. 指数分布

― **指数分布 (exponential distribution)** ―

パラメーター λ をもつ指数分布

確率密度関数　　$f(x) = \begin{cases} \lambda e^{-\lambda x} & (x \geq 0) \\ 0 & (x < 0) \end{cases}$ 　　(ただし $\lambda > 0$)

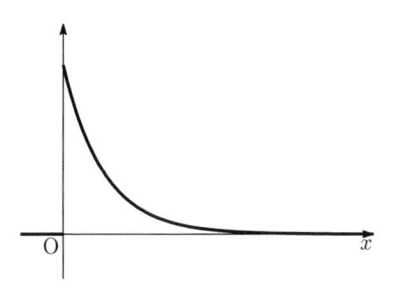

図 4.9: 指数分布の確率密度関数

REMARK　指数分布は，機械の故障までの時間の分布，製品の寿命の分布など (稼働時間と故障が無関係の場合) に用いられる． □

例題 4.5　X が指数分布に従うとき $\int_{-\infty}^{\infty} f(x)dx = 1$ が満たされていることを確認せよ．

[解答]　(証明) $\int_{-\infty}^{\infty} f(x)dx = \int_0^{\infty} \lambda e^{-\lambda x}dx = \left[-e^{-\lambda x}\right]_0^{\infty} = 0 - (-e^0) = 1$ □

指数分布の性質

定理 4.8 X が指数分布に従うとき

$$(\text{期待値}) \quad E(X) = \frac{1}{\lambda}$$

$$(\text{分散}) \quad V(X) = \frac{1}{\lambda^2}$$

$$(\text{標準偏差}) \quad \sigma(X) = \frac{1}{\lambda}$$

証明 期待値の定義から

$$\begin{aligned}
E(X) &= \int_{-\infty}^{\infty} x f(x) dx = \int_0^{\infty} x \cdot \lambda e^{-\lambda x} dx \\
&= \int_0^{\infty} x \cdot \left(-e^{-\lambda x}\right)' dx = \left[-x e^{-\lambda x}\right]_0^{\infty} - \int_0^{\infty} \left(-e^{-\lambda x}\right) dx \\
&= (0 - 0) - \left[\frac{1}{\lambda} e^{-\lambda x}\right]_0^{\infty} = -\left(0 - \frac{1}{\lambda}\right) = \frac{1}{\lambda}
\end{aligned}$$

が得られる. また

$$\begin{aligned}
E(X^2) &= \int_{-\infty}^{\infty} x^2 f(x) dx \\
&= \int_0^{\infty} x^2 \cdot \lambda e^{-\lambda x} dx \\
&= \int_0^{\infty} x^2 \cdot \left(-e^{-\lambda x}\right)' dx \\
&= \left[-x^2 e^{-\lambda x}\right]_0^{\infty} - \int_0^{\infty} 2x \cdot \left(-e^{-\lambda x}\right) dx \\
&= (0 - 0) + \frac{2}{\lambda} \int_0^{\infty} x \cdot \lambda e^{-\lambda x} dx \\
&= \frac{2}{\lambda} \cdot \frac{1}{\lambda} = \frac{2}{\lambda^2}
\end{aligned}$$

である. したがって

$$V(X) = E(X^2) - (E(X))^2 = \frac{2}{\lambda^2} - \left(\frac{1}{\lambda}\right)^2 = \frac{1}{\lambda^2}$$

$$\sigma(X) = \sqrt{V(X)} = \sqrt{\frac{1}{\lambda^2}} = \frac{1}{\lambda}$$

が成り立つ. □

例題 4.6 確率変数 X が指数分布に従うとき，X の分布関数 $F(x)$ を求めよ．
[解答] 確率変数 X が指数分布に従うとき，X の分布関数 $F(x)$ は，次のように与えられる．

$$x \geq 0 \text{ のとき} \quad F(x) = \int_{-\infty}^{x} f(t)dt = \int_{0}^{x} \lambda e^{-\lambda t} dt = 1 - e^{-\lambda x}$$

$$x < 0 \text{ のとき} \quad F(x) = \int_{-\infty}^{x} f(t)dt = \int_{-\infty}^{x} 0 dt = 0$$

まとめると

$$F(x) = \begin{cases} 1 - e^{-\lambda x} & (x \geq 0 \text{ のとき}) \\ 0 & (x < 0 \text{ のとき}) \end{cases}$$

となる． □

REMARK ［指数分布とポワソン分布の関係］
ある事象の1時間あたりの発生回数 N がポワソン分布（平均 λ）に従うとき，発生間隔 T は指数分布（平均 $\frac{1}{\lambda}$）に従う．
証明 T の分布は次のように変形できる．

$$F(t) = P(T \leq t) = \begin{cases} 1 - P(T > t) & (t > 0 \text{ のとき}) \\ 0 & (t \leq 0 \text{ のとき}) \end{cases}$$

ここで，時間区間 $[0, t]$ における事象の発生回数 N_t は平均 λt のポワソン分布

$$P(N_t = k) = e^{-\lambda t} \frac{(\lambda t)^k}{k!} \quad (k = 0, 1, 2, \cdots)$$

に従うので，$t > 0$ のとき

$$P(T > t) = P(N_t = 0) = e^{-\lambda t}$$

したがって

$$F(t) = P(T \leq t) = \begin{cases} 1 - e^{-\lambda t} & (t > 0 \text{ のとき}) \\ 0 & (t \leq 0 \text{ のとき}) \end{cases}$$

T の確率密度関数を f_T とすると

$$t > 0 \text{ のとき} \quad f_T(t) = F'(t) = (1 - e^{-\lambda t})' = \lambda e^{-\lambda t}$$
$$t < 0 \text{ のとき} \quad f_T(t) = F'(t) = (0)' = 0$$

このように，T は平均 $\frac{1}{\lambda}$ の指数分布に従う． □ □

例題 4.7　X をある製品の寿命（故障時間）とする．X が平均 3 時間の指数分布に従うとき，次の問いに答えよ．

(1) 故障時間が 6 時間以内である確率を求めよ．

(2) 故障時間が 3 時間以上である確率を求めよ．

(3) 6 時間経過したとき，まだこの製品は故障していなかった．このとき，さらに 3 時間以上故障しない確率を求めよ．

[解答]

(1) $P(X \leq 6) = \int_0^6 \frac{1}{3} e^{-\frac{1}{3}x} dx = \left[-e^{-\frac{1}{3}x}\right]_0^6 = -e^{-2} + 1 = $ 約 0.865

(2) $P(X \geq 3) = \int_3^\infty \frac{1}{3} e^{-\frac{1}{3}x} dx = \left[-e^{-\frac{1}{3}x}\right]_3^\infty = e^{-1} = $ 約 0.368

(3) 条件付き確率を用いると

$$P(X \geq 9 \mid X \geq 6) = \frac{P(X \geq 9, X \geq 6)}{P(X \geq 6)} = \frac{P(X \geq 9)}{P(X \geq 6)}$$

$$= \frac{\int_9^\infty \frac{1}{3} e^{-\frac{1}{3}x} dx}{\int_6^\infty \frac{1}{3} e^{-\frac{1}{3}x} dx} = \frac{\left[-e^{-\frac{1}{3}x}\right]_9^\infty}{\left[-e^{-\frac{1}{3}x}\right]_6^\infty}$$

$$= \frac{e^{-3}}{e^{-2}} = e^{-1} = \text{約 } 0.368 \quad \left(= P(X \geq 3) \right)$$

と計算される．　□

指数分布の無記憶性 (lack of memory)

定理 4.9　X が指数分布に従うとき，次の関係式が成り立つ．

$$P(X \geq s+t \mid X \geq s) = P(X \geq t)$$

証明　$P(X \geq t) = \int_t^\infty \lambda e^{-\lambda x} dx = \left[-e^{-\lambda x}\right]_t^\infty = e^{-\lambda t}$ であるから

$$P(X \geq s+t \mid X \geq s) = \frac{P(X \geq s+t, X \geq s)}{P(X \geq s)} = \frac{P(X \geq s+t)}{P(X \geq s)}$$

$$= \frac{\int_{s+t}^\infty \lambda e^{-\lambda x} dx}{\int_s^\infty \lambda e^{-\lambda x} dx} = \frac{\left[-e^{-\lambda x}\right]_{s+t}^\infty}{\left[-e^{-\lambda x}\right]_s^\infty} = \frac{e^{-\lambda(s+t)}}{e^{-\lambda s}} = e^{-\lambda t}$$

したがって $P(X \geq s+t \,|\, X \geq s) = P(X \geq t)$ が成り立つ. □

REMARK　ある確率変数 X とその分布関数 F に対して

$$P(X \geq s+t \,|\, X \geq s) = P(X \geq t)$$
$$F(t) = 0 \quad (t \leq 0 \text{ のとき})$$
$$F(t) < 1 \quad (t > 0 \text{ のとき})$$

が成り立っているとしよう（いまのところ, X の分布は未知）. この関係式を同値変形すると

$$\begin{aligned}
P(X \geq s+t \,|\, X \geq s) = P(X \geq t) &\Leftrightarrow \frac{P(X \geq s+t, X \geq s)}{P(X \geq s)} = P(X \geq t) \\
&\Leftrightarrow \frac{P(X \geq s+t)}{P(X \geq s)} = P(X \geq t) \\
&\Leftrightarrow \frac{1 - P(X < s+t)}{1 - P(X < s)} = 1 - P(X < t) \\
&\Leftrightarrow \frac{1 - F(s+t)}{1 - F(s)} = 1 - F(t) \\
&\Leftrightarrow 1 - F(s+t) = (1 - F(s))(1 - F(t))
\end{aligned}$$

定理　関数 $C : (0, \infty) \to \mathbb{R}$ が $C(s+t) = C(s) + C(t)$, $s, t > 0$ を満たし, 上に有界な区間が存在するならば $C(t) = C(1)t$ （C のグラフは原点を通る直線）である.

において $C(t) = \log(1 - F(t)) \quad (t > 0)$ と置くと

$$\begin{aligned}
C(s+t) &= \log(1 - F(s+t)) = \log(1 - F(s))(1 - F(t)) \\
&= \log(1 - F(s)) + \log(1 - F(t)) = C(s) + C(t)
\end{aligned}$$

を満たし, また, $C(t) = \log(1 - F(t)) \leq 0$ であるから上に有界である. したがって

$$C(t) = \log(1 - F(t)) = -\lambda t \qquad \left(\lambda \text{ は正の定数}\right)$$

と表すことができる. これにより $1 - F(t) = e^{-\lambda t} \quad (t > 0)$ であるから, X の分布関数は

$$F(t) = \begin{cases} 1 - e^{-\lambda t} & (t > 0 \text{ のとき})) \\ 0 & (t \leq 0 \text{ のとき}) \end{cases}$$

と表される. つまり, X は指数分布に従う. □

演習問題

問題 4.1 X が二項分布 $B(n,p)$ に従うとき

$$\sum_{k=0}^{n} P(X=k) = 1$$

が満たされていることを確認せよ.

問題 4.2 確率変数 X が正規分布 $N(3, 16)$ に従うとき,次の問いに答えよ.

(1) $P(-1 \leq X \leq 11)$ を計算せよ.

(2) $P(X \leq -7)$ を計算せよ.

(3) $P(X \leq a) = 0.75804$ を満たす定数 a の値を求めよ.

第5章 2変数の確率分布

ここでは，一度に2つの確率変数 X, Y を扱う場合について考える．

5.1. 2変数の確率分布

サイコロを同時に2個投げるとき，その2の目を対象にして，例えば1と6が出る確率を考えるとき，確率変数が2個必要になる．このような場合の確率分布を「2変数の確率分布」という．確率変数がもっと多くなれば「多変数の確率分布」という．サイコロを2個投げる場合は，それぞれの組みあわせが起こる確率は，すべての組み合わせで1/36である．また「同時確率」がすべて1/36であるという．これは特殊なケースで，このような場合では，それぞれの目が「独立」な関係にあるという．サイコロを投げた時に出る目の数字など、確率変数が離散的な値をとる場合の確率分布は離散型確率分布である．しかし，例えば「定点観測をして次の自動車が通行するまでの時間」といった連続的な値をとる確率変数の分布はこのような形では表現できず，速度の概念が必要となる．このような場合，確率変数が連続的な場合の確率分布は連続型確率分布である．また，複数の確率変数の挙動を多次元の確率分布で表したものを同時確率分布といい，同時分布から各変数の分布だけを取り出したものを周辺確率分布と呼ぶ．

5.2. 同時確率分布・周辺確率分布と独立性

───── 同時確率分布・周辺確率分布 ─────

定義 5.1 X, Y を確率空間 $(\Omega, \mathcal{F}, P)$ 上で定義された確率変数とするとき

(1) 離散型

同時確率分布
$$P(X = x_i, Y = y_j) = P(\{\omega \in \Omega \mid X(\omega) = x_i, Y(\omega) = y_j\})$$
$$(i, j = 1, 2, 3, \ldots)$$

周辺確率分布

X の周辺確率分布 $\quad P(X = x_i) = \sum_{j=1}^{\infty} P(X = x_i, Y = y_j)$
$$(i = 1, 2, 3, \ldots)$$

Y の周辺確率分布 $\quad P(Y = y_j) = \sum_{i=1}^{\infty} P(X = x_i, Y = y_j)$
$$(j = 1, 2, 3, \ldots)$$

(2) 連続型

同時確率分布
$$P((X, Y) \in S) = P(\{\omega \in \Omega \mid (X(\omega), Y(\omega)) \in S\})$$
$$= \iint_S f(x, y) dx dy \quad (S \subset \mathbb{R}^2)$$

ただし $\int_{-\infty}^{\infty} \{\int_{-\infty}^{\infty} f(x, y) dx\} dy = 1, \ f(x, y) \geq 0$.
$f(x, y)$ を同時確率密度関数という.

周辺確率分布
$$P(a < X \leq b) = \int_a^b \left\{ \int_{-\infty}^{\infty} f(x, y) dy \right\} dx = \int_a^b f_1(x) dx$$

X の周辺確率密度関数 $\quad f_1(x) = \int_{-\infty}^{\infty} f(x, y) dy$

$$P(c < Y \leq d) = \int_c^d \left\{ \int_{-\infty}^{\infty} f(x, y) dx \right\} dy = \int_a^b f_2(y) dy$$

Y の周辺確率密度関数 $\quad f_2(y) = \int_{-\infty}^{\infty} f(x, y) dx$

例 5.1 サイコロ 1 個とコイン 1 枚を同時に投げたとき,サイコロの出た目の値を X,コインの表の枚数を Y とする.このとき

- 全事象 $\Omega = \left\{ \begin{array}{l} (a_1, T), (a_2, T), (a_3, T), (a_4, T), (a_5, T), (a_6, T), \\ (a_1, H), (a_2, H), (a_3, H), (a_4, H), (a_5, H), (a_6, H) \end{array} \right\}$
  ただし a_i: i の目 $(i = 1, 2, 3, 4, 5, 6)$, H: 表 (Head), T: 裏 (Tail)

- 同時確率分布 $P(X = i, Y = j) = \dfrac{1}{12}$ $(i = 1, 2, 3, 4, 5, 6,\ \ j = 0, 1)$

- X の周辺確率分布

$$P(X = i) = P(X = i, Y = 0) + P(X = i, Y = 1)$$
$$= \frac{1}{12} + \frac{1}{12} = \frac{1}{6} \quad (i = 1, 2, 3, 4, 5, 6)$$

- Y の周辺確率分布

$$P(Y = j) = P(X = 1, Y = j) + P(X = 2, Y = j) + P(X = 3, Y = j)$$
$$+ P(X = 4, Y = j) + P(X = 5, Y = j) + P(X = 6, Y = j)$$
$$= 6 \cdot \frac{1}{12} = \frac{1}{2} \quad (j = 0, 1)$$

X, Y の同時確率分布と周辺確率分布は次のような表で表すことができる.

		Y		
		0	1	X の周辺確率分布
X	1	$\frac{1}{12}$	$\frac{1}{12}$	$\frac{1}{6}$
	2	$\frac{1}{12}$	$\frac{1}{12}$	$\frac{1}{6}$
	3	$\frac{1}{12}$	$\frac{1}{12}$	$\frac{1}{6}$
	4	$\frac{1}{12}$	$\frac{1}{12}$	$\frac{1}{6}$
	5	$\frac{1}{12}$	$\frac{1}{12}$	$\frac{1}{6}$
	6	$\frac{1}{12}$	$\frac{1}{12}$	$\frac{1}{6}$
	Y の周辺確率分布	$\frac{1}{2}$	$\frac{1}{2}$	1

□

―― 確率変数の独立性 ――

定義 5.2 X, Y を確率空間 $(\Omega, \mathcal{F}, P)$ 上で定義された確率変数とするとき

X と Y が互いに独立 $\underset{\text{def}}{\Longleftrightarrow}$ 任意の $a < b, c < d$ に対して

$$P(a < X \leq b,\ c < Y \leq d)$$
$$= P(a < X \leq b)P(c < Y \leq d)$$

―― 確率変数が独立であるための条件 ――

定理 5.1

- 離散型のとき

$$X と Y が互いに独立 \Longleftrightarrow すべての i, j = 1, 2, 3, \ldots に対して$$
$$P(X = x_i,\ Y = y_j)$$
$$= P(X = x_i) \cdot P(Y = y_j)$$

- 連続型のとき
f を同時確率密度関数,f_1 を X の周辺確率密度関数,f_2 を Y の周辺確率密度関数とするとき

$$X と Y が互いに独立 \Longleftrightarrow f(x, y) = f_1(x) \cdot f_2(y), \quad \forall x, y \in \mathbb{R}$$

例 5.2 サイコロ 1 個とコイン 1 枚を同時に投げたとき,サイコロの出た目の値を X,コインの表の枚数を Y とする.このとき

$$P(X = i, Y = j) = \frac{1}{12} \quad (i = 1, 2, 3, 4, 5, 6, \quad j = 0, 1)$$
$$P(X = i) \cdot P(Y = j) = \frac{1}{6} \cdot \frac{1}{2} = \frac{1}{12} \quad (i = 1, 2, 3, 4, 5, 6, \quad j = 0, 1)$$

であるから

$$P(X = i, Y = j) = P(X = i) \cdot P(Y = j) \quad (i = 1, 2, 3, 4, 5, 6, \quad j = 0, 1)$$

したがって,X と Y は互いに独立である. □

例題 5.1 当たり 1 枚, はずれ 2 枚が入ったクジがある. 2 人で順に 1 回ずつクジをひいたとき, 最初の人がひいた当たりの枚数を X, 次の人がひいた当たりの枚数を Y とする. 次の場合において, 同時確率分布と周辺確率分布を求めよ. また, X と Y が互いに独立であるかどうか確かめよ.

(1) ひいたクジをもどす場合（復元抽出）

(2) ひいたクジをもどさない場合（非復元抽出）

[解答]

(1) 全事象として
$$\Omega = \left\{ \begin{array}{lll} (a,a), & (a,h_1), & (a,h_2), \\ (h_1,a), & (h_1,h_1), & (h_1,h_2), \\ (h_2,a), & (h_2,h_1), & (h_2,h_2) \end{array} \right\}$$
を考える. ただし, a を当たり, ハズレは 2 枚あるので h_1, h_2 をそれぞれハズレ 1, ハズレ 2 とする. また, ((最初の人がひいた結果), (次の人がひいた結果)) とする. すべての事象の確率が $\frac{1}{9}$ であるから

同時確率分布
$$P(X=0, Y=0) = \frac{4}{9}, \quad P(X=0, Y=1) = \frac{2}{9}$$
$$P(X=1, Y=0) = \frac{2}{9}, \quad P(X=1, Y=1) = \frac{1}{9}$$

X の周辺確率分布
$$P(X=0) = P(X=0, Y=0) + P(X=0, Y=1) = \frac{4}{9} + \frac{2}{9} = \frac{6}{9} = \frac{2}{3}$$
$$P(X=1) = P(X=1, Y=0) + P(X=1, Y=1) = \frac{2}{9} + \frac{1}{9} = \frac{3}{9} = \frac{1}{3}$$

Y の周辺確率分布
$$P(Y=0) = P(X=0, Y=0) + P(X=1, Y=0) = \frac{4}{9} + \frac{2}{9} = \frac{6}{9} = \frac{2}{3}$$
$$P(Y=1) = P(X=0, Y=1) + P(X=1, Y=1) = \frac{2}{9} + \frac{1}{9} = \frac{3}{9} = \frac{1}{3}$$

		Y		
		0	1	X の周辺確率分布
X	0	$\frac{4}{9}$	$\frac{2}{9}$	$\frac{6}{9}$
	1	$\frac{2}{9}$	$\frac{1}{9}$	$\frac{3}{9}$
	Y の周辺確率分布	$\frac{6}{9}$	$\frac{3}{9}$	1

$P(X=i, Y=j) = P(X=i) \cdot P(Y=j)$ $(i=0,1, \quad j=0,1)$ が成り立つので X と Y は互いに独立である.

(2) $(a,a), (h_1, h_1), (h_2, h_2)$ は起こらないので,これらの確率は0であるが,それ以外の6個の事象の確率はすべて $\frac{1}{6}$ である.

同時確率分布

$$P(X=0, Y=0) = \frac{2}{6} = \frac{1}{3}, \quad P(X=0, Y=1) = \frac{2}{6} = \frac{1}{3}$$
$$P(X=1, Y=0) = \frac{2}{6} = \frac{1}{3}, \quad P(X=1, Y=1) = 0$$

X の周辺確率分布

$$P(X=0) = P(X=0, Y=0) + P(X=0, Y=1) = \frac{2}{6} + \frac{2}{6} = \frac{4}{6} = \frac{2}{3}$$
$$P(X=1) = P(X=1, Y=0) + P(X=1, Y=1) = \frac{2}{6} + 0 = \frac{2}{6} = \frac{1}{3}$$

Y の周辺確率分布

$$P(Y=0) = P(X=0, Y=0) + P(X=1, Y=0) = \frac{2}{6} + \frac{2}{6} = \frac{4}{6} = \frac{2}{3}$$
$$P(Y=1) = P(X=0, Y=1) + P(X=1, Y=1) = \frac{2}{6} + 0 = \frac{2}{6} = \frac{1}{3}$$

		Y		
		0	1	X の周辺確率分布
X	0	$\frac{1}{3}$	$\frac{1}{3}$	$\frac{2}{3}$
	1	$\frac{1}{3}$	0	$\frac{1}{3}$
	Y の周辺確率分布	$\frac{2}{3}$	$\frac{1}{3}$	1

例えば $P(X=0, Y=0) = \frac{1}{3} \neq P(X=0) \cdot P(Y=0) = \frac{2}{3} \cdot \frac{2}{3}$ であるから X と Y は互いに独立でない. □

---- **2 変数の同時分布関数** ----

定義 5.3 X, Y を確率空間 $(\Omega, \mathcal{F}, P)$ 上で定義された確率変数とするとき，次のように定義される関数を 2 変数の同時分布関数という．

離散型 $\quad F(x, y) = P(X \leq x, Y \leq y) = \sum_{y_j \leq y} \sum_{x_i \leq x} P(X = x_i, Y = y_j)$

$$(-\infty < x < \infty, -\infty < y < \infty)$$

連続型 $\quad F(x, y) = P(X \leq x, Y \leq y) = \int_{-\infty}^{y} \left\{ \int_{-\infty}^{x} f(u, v) du \right\} dv$

$$(-\infty < x < \infty, -\infty < y < \infty)$$

例 5.3 確率変数 X, Y が次の同時確率密度関数をもつ場合を考える．

$$f(x, y) = \begin{cases} e^{-(x+y)} & (x > 0, y > 0 \text{ のとき}) \\ 0 & (\text{その他のとき}) \end{cases}$$

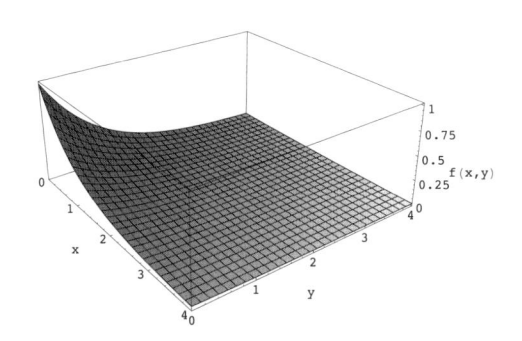

図 5.1: 確率密度関数 $f(x, y)$

このとき

$$\int_{-\infty}^{\infty} \left\{ \int_{-\infty}^{\infty} f(x, y) dx \right\} dy = \int_{0}^{\infty} \left\{ \int_{0}^{\infty} e^{-(x+y)} dx \right\} dy$$

$$= \int_{0}^{\infty} \left[-e^{-(x+y)} \right]_{x=0}^{x=\infty} dy$$

$$
\begin{aligned}
&= \int_0^\infty \left(0 + e^{-y}\right) dy \\
&= \left[-e^{-y}\right]_{y=0}^{y=\infty} \\
&= 0 + e^0 = 1
\end{aligned}
$$

また，確率 $P(0 < X < 1, 0 < Y < 2)$ は次のように計算できる．

$$
\begin{aligned}
P(0 < X < 1, 0 < Y < 2) &= \int_0^2 \left\{\int_0^1 f(x,y)dx\right\} dy \\
&= \int_0^2 \left\{\int_0^1 e^{-(x+y)}dx\right\} dy \\
&= \int_0^2 \left[-e^{-(x+y)}\right]_{x=0}^{x=1} dy \\
&= \int_0^2 \left(-e^{-(1+y)} + e^{-y}\right) dy \\
&= \left[e^{-(1+y)} - e^{-y}\right]_{y=0}^{y=2} \\
&= e^{-3} - e^{-2} - e^{-1} + 1 = 約\ 0.547
\end{aligned}
$$

同時分布関数を $F(x,y)$ とすると

$x > 0, y > 0$ のとき
$$
\begin{aligned}
F(x,y) &= P(X \leq x, Y \leq y) \\
&= \int_{-\infty}^y \left\{\int_{-\infty}^x f(u,v)du\right\} dv \\
&= \int_0^y \left\{\int_0^x e^{-(u+v)}du\right\} dv \\
&= \int_0^y \left[-e^{-(u+v)}\right]_{u=0}^{u=x} dy \\
&= \int_0^y \left(-e^{-(x+v)} + e^{-v}\right) dv \\
&= \left[e^{-(x+v)} - e^{-v}\right]_{v=0}^{v=y} \\
&= e^{-(x+y)} - e^{-y} - e^{-x} + e^0 \\
&= (1 - e^{-x})(1 - e^{-y})
\end{aligned}
$$

その他のとき $\quad F(x,y) = P(X \leq x, Y \leq y)$

$$= \int_{-\infty}^{y} \left\{ \int_{-\infty}^{x} f(u,v) du \right\} dv$$
$$= \int_{-\infty}^{y} \left\{ \int_{-\infty}^{x} 0 du \right\} dv = 0$$

であるから

$$F(x,y) = \begin{cases} (1-e^{-x})(1-e^{-y}) & (x>0, y>0 \text{ のとき}) \\ 0 & (\text{その他のとき}) \end{cases}$$

が得られる.X の周辺確率密度関数を $f_1(x)$ とすると

$$x > 0 \text{ のとき} \quad f_1(x) = \int_{-\infty}^{\infty} f(x,y) dy = \int_{0}^{\infty} e^{-(x+y)} dy$$
$$= \left[-e^{-(x+y)} \right]_{y=0}^{y=\infty} = e^{-x}$$
$$x \le 0 \text{ のとき} \quad f_1(x) = \int_{-\infty}^{\infty} f(x,y) dy = \int_{-\infty}^{\infty} 0 dy = 0$$

であるから

$$f_1(x) = \begin{cases} e^{-x} & (x>0 \text{ のとき}) \\ 0 & (\text{その他のとき}) \end{cases}$$

となる.同様に Y の周辺確率密度関数を $f_2(y)$ とすると

$$y > 0 \text{ のとき} \quad f_2(y) = \int_{-\infty}^{\infty} f(x,y) dx = \int_{0}^{\infty} e^{-(x+y)} dx$$
$$= \left[-e^{-(x+y)} \right]_{x=0}^{x=\infty} = e^{-y}$$
$$y \le 0 \text{ のとき} \quad f_2(y) = \int_{-\infty}^{\infty} f(x,y) dx = \int_{-\infty}^{\infty} 0 dx = 0$$

であるから

$$f_2(y) = \begin{cases} e^{-y} & (y>0 \text{ のとき}) \\ 0 & (\text{その他のとき}) \end{cases}$$

となる.X, Y の独立性については

$$x>0, y>0 \text{ のとき} \quad f(x,y) = e^{-(x+y)} = e^{-x} e^{-y} = f_1(x) f_2(y)$$
$$\text{その他のとき} \quad f(x,y) = 0 = f_1(x) f_2(y)$$

であるから $f(x,y) = f_1(x)f_2(y)$ が成り立つ．したがって，X,Y は互いに独立である． □

例題 5.2 確率変数 X,Y が次の同時確率密度関数をもつ場合を考える．

$$f(x,y) = \begin{cases} 2 & (0 < x < y < 1 \text{ のとき}) \\ 0 & (\text{その他のとき}) \end{cases}$$

このとき，次の問いに答えよ．

(1) $\int_{-\infty}^{\infty} \left\{ \int_{-\infty}^{\infty} f(x,y)dx \right\} dy = 1$ を確かめよ．

(2) 確率 $P(0 < X < \frac{1}{2}, 0 < Y < \frac{1}{3})$ を計算せよ．

(3) X の周辺確率密度関数 $f_1(x)$，Y の周辺確率密度関数 $f_2(y)$ を求めよ．

(4) X,Y が互いに独立であるかどうか確かめよ．

(5) 同時分布関数を $F(x,y)$ を求めよ．

[解答]

(1) (証明)

$$\int_{-\infty}^{\infty} \left\{ \int_{-\infty}^{\infty} f(x,y)dx \right\} dy = \int_{0}^{1} \left\{ \int_{0}^{y} 2dx \right\} dy = \int_{0}^{1} [2x]_{x=0}^{x=y} dy$$
$$= \int_{0}^{1} 2y dy = [y^2]_{0}^{1} = 1 - 0 = 1$$

(2) 先に x について積分すると

$$P(0 < X < \frac{1}{2}, 0 < Y < \frac{1}{3}) = \int_{0}^{\frac{1}{3}} \left\{ \int_{0}^{\frac{1}{2}} f(x,y)dx \right\} dy$$
$$= \int_{0}^{\frac{1}{3}} \left\{ \int_{0}^{y} 2dx + \int_{y}^{\frac{1}{2}} 0dx \right\} dy$$
$$= \int_{0}^{\frac{1}{3}} \left\{ [2x]_{x=0}^{x=y} + 0 \right\} dy$$
$$= \int_{0}^{\frac{1}{3}} 2y dy = [y^2]_{0}^{\frac{1}{3}} = \frac{1}{9}$$

(3) 周辺確率密度関数の定義から

$$x \leq 0,\, x \geq 1 \text{ のとき} \quad f_1(x) = \int_{-\infty}^{\infty} f(x,y)dy = \int_{-\infty}^{\infty} 0\, dy = 0$$

$$0 < x < 1 \text{ のとき} \quad f_1(x) = \int_{-\infty}^{\infty} f(x,y)dy = \int_{x}^{1} 2\, dy = 2(x-1)$$

$$y \leq 0,\, y \geq 1 \text{ のとき} \quad f_2(y) = \int_{-\infty}^{\infty} f(x,y)dx = \int_{-\infty}^{\infty} 0\, dx = 0$$

$$0 < y < 1 \text{ のとき} \quad f_2(y) = \int_{-\infty}^{\infty} f(x,y)dx = \int_{0}^{y} 2\, dx = 2y$$

が成り立つ．従って

$$f_1(x) = \begin{cases} 2(1-x) & (0 < x < 1 \text{ のとき}) \\ 0 & (\text{その他のとき}) \end{cases}$$

$$f_2(y) = \begin{cases} 2y & (0 < y < 1 \text{ のとき}) \\ 0 & (\text{その他のとき}) \end{cases}$$

(4) (3) の結果より

$$f_1(x) \cdot f_2(y) = \begin{cases} 4y(1-x) & (0 < x < 1,\, 0 < y < 1 \text{ のとき}) \\ 0 & (\text{その他のとき}) \end{cases}$$

であるから $f(x,y) = f_1(x)f_2(y)$ が成り立たない．したがって，X, Y は互いに独立でない．

(5) $F(x,y) = P(X \leq x, Y \leq y) = \int_{-\infty}^{y} \left\{ \int_{-\infty}^{x} f(u,v)du \right\} dv$ であるから

- $x \leq 0$ または $y \leq 0$ のとき

$$F(x,y) = \int_{-\infty}^{y} \left\{ \int_{-\infty}^{x} 0\, du \right\} dv = 0$$

- $0 < x \leq 1,\, 0 < y \leq x$ のとき

$$F(x,y) = \int_{0}^{y} \left\{ \int_{0}^{v} f(u,v)du + \int_{v}^{x} f(u,v)du \right\} dv$$

$$= \int_{0}^{y} \left\{ \int_{0}^{v} 2\, du + \int_{v}^{x} 0\, du \right\} dv$$

$$= \int_{0}^{y} \left\{ [2u]_{u=0}^{u=v} + 0 \right\} dv = \int_{0}^{y} 2v\, dv = \left[v^2 \right]_{0}^{y} = y^2$$

- $0 < x \leq 1, x < y \leq 1$ のとき
$$F(x,y) = \int_0^x \left\{ \int_0^x f(u,v)du \right\} dv + \int_x^y \left\{ \int_0^x f(u,v)du \right\} dv$$
$$= \int_0^x \left\{ \int_0^v 2du \right\} dv + \int_x^y \left\{ \int_0^x 2du \right\} dv$$
$$= \int_0^x [2u]_{u=0}^{u=v} dv + \int_x^y [2u]_{u=0}^{u=x} dv = \int_0^x 2v dv + \int_x^y 2x dv$$
$$= [v^2]_{v=0}^{v=x} + [2xv]_{v=x}^{v=y} = x^2 + 2x(y-x) = 2xy - x^2$$

- $0 < x \leq 1, y > 1$ のとき
$$F(x,y) = \int_0^x \left\{ \int_0^x f(u,v)du \right\} dv + \int_x^1 \left\{ \int_0^x f(u,v)du \right\} dv$$
$$+ \int_1^y \left\{ \int_0^x f(u,v)du \right\} dv$$
$$= \int_0^x \left\{ \int_0^v 2du \right\} dv + \int_x^1 \left\{ \int_0^x 2du \right\} dv + \int_1^y \left\{ \int_0^x 0du \right\} dv$$
$$= \int_0^x [2u]_{u=0}^{u=v} dv + \int_x^1 [2u]_{u=0}^{u=x} dv + 0 = 2x \cdot 1 - x^2 = 2x - x^2$$

- $x > 1, 0 < y \leq 1$ のとき
$$F(x,y) = \int_0^y \left\{ \int_0^v f(u,v)du + \int_v^x f(u,v)du \right\} dv$$
$$= \int_0^y \left\{ \int_0^v 2du + \int_v^x 0du \right\} dv = y^2$$

- $x > 1, y > 1$ のとき
$$F(x,y) = \int_0^1 \left\{ \int_0^x f(u,v)du \right\} dv + \int_1^y \left\{ \int_0^x f(u,v)du \right\} dv$$
$$= \int_0^1 \left\{ \int_0^v 2du + \int_v^x 0du \right\} dv + \int_1^y \left\{ \int_0^x 0du \right\} dv$$
$$= \int_0^1 [2u]_{u=0}^{u=v} dv = \int_0^1 2v dv = [v^2]_0^1 = 1$$

以上から
$$F(x,y) = \begin{cases} 0 & (x \leq 0 \text{ または } y \leq 0 \text{ のとき}) \\ y^2 & (y \leq x, 0 < y \leq 1 \text{ のとき}) \\ 2xy - x^2 & (0 < x < y \leq 1 \text{ のとき}) \\ 2x - x^2 & (0 < x \leq 1, y > 1 \text{ のとき}) \\ 1 & (x > 1, y > 1 \text{ のとき}) \end{cases}$$

が得られる. □

5.3. 2変数の確率分布の期待値・分散・共分散

---**2変数の確率分布の期待値**---

定義 5.4 X, Y を確率変数とするとき，連続関数 g に対して確率変数 $g(X, Y)$ の期待値は次のように定義される．

- 離散型のとき
$$E(g(X,Y)) = \sum_{j=1}^{\infty}\sum_{i=1}^{\infty} g(x_i, y_j) P(X=x_i, Y=y_j)$$

- 連続型のとき
$$E(g(X,Y)) = \int_{-\infty}^{\infty}\left\{\int_{-\infty}^{\infty} g(x,y) f(x,y) dx\right\} dy$$

ただし，$f(x, y)$ は同時確率密度関数である．

例 5.4

- 離散型のとき $E(X+Y) = \sum_{j=1}^{\infty}\sum_{i=1}^{\infty} (x_i + y_j) P(X=x_i, Y=y_j)$

- 連続型のとき $E(X+Y) = \int_{-\infty}^{\infty}\left\{\int_{-\infty}^{\infty} (x+y) f(x,y) dx\right\} dy$ □

---**2変数の分散・共分散・相関係数**---

定義 5.5

$g(X,Y)$ の分散　　$V(g(X,Y)) = E\left(\left\{g(X,Y) - E(g(X,Y))\right\}^2\right)$

X, Y の共分散　　$\mathrm{cov}(X,Y) = E\bigl((X - E(X))(Y - E(Y))\bigr)$

X, Y の相関係数　$\rho(X,Y) = \dfrac{\mathrm{cov}(X,Y)}{\sqrt{V(X)}\sqrt{V(Y)}}$

例 5.5　$X+Y$ の分散　$V(X+Y) = E\left(\{(X+Y) - E(X+Y)\}^2\right)$　□

---
2 変数の場合の期待値・分散・共分散・相関係数の性質

定理 5.2

(1) $E(X+Y) = E(X) + E(Y)$

(2) $V(X+Y) = V(X) + V(Y) + 2\operatorname{cov}(X,Y)$

(3) $\operatorname{cov}(X,Y) = E(XY) - E(X)E(Y)$

定理 5.3　X, Y が互いに独立であるならば

(1) $E(XY) = E(X)E(Y)$

(2) $\operatorname{cov}(X,Y) = 0$

(3) $\rho(X,Y) = 0$

(4) $V(X+Y) = V(X) + V(Y)$

―――― n 次元正規分布 ――――

n 次元正規分布 $N(\boldsymbol{\mu}, \Sigma)$

$\boldsymbol{\mu} = (\mu_1, \mu_2, \ldots, \mu_n)$

$\boldsymbol{x} = (x_1, x_2, \ldots, x_n)$

$$\Sigma = \begin{pmatrix} v_{11} & v_{12} & \cdots & v_{1n} \\ v_{21} & v_{22} & \cdots & v_{2n} \\ \vdots & \vdots & \ddots & \vdots \\ v_{n1} & v_{n2} & \cdots & v_{nn} \end{pmatrix} \quad \text{ただし } v_{ij} = v_{ji}$$

確率密度関数　$f(\boldsymbol{x}) = \dfrac{1}{(2\pi)^{\frac{n}{2}} |\Sigma|^{\frac{1}{2}}} \exp\left(-\dfrac{(\boldsymbol{x}-\boldsymbol{\mu})\Sigma^{-1}\,{}^t(\boldsymbol{x}-\boldsymbol{\mu})}{2}\right)$

期待値　$E(X_i) = \mu_i$

分散　$V(X_i) = v_{ii}$

共分散　$\mathrm{cov}(X_i, X_j) = v_{ij}$

ここで，$|\Sigma|$ は Σ の行列式，Σ^{-1} は Σ の逆行列，${}^t(\boldsymbol{x}-\boldsymbol{\mu})$ は $\boldsymbol{x}-\boldsymbol{\mu}$ の転置行列を意味する．

---────── 2次元正規分布 ──────

2次元正規分布 $N(\boldsymbol{\mu}, \Sigma)$

$$\boldsymbol{\mu} = (\mu_1, \mu_2)$$
$$\boldsymbol{x} = (x_1, x_2)$$
$$\Sigma = \begin{pmatrix} v_{11} & v_{12} \\ v_{12} & v_{22} \end{pmatrix}$$

確率密度関数

$$\begin{aligned}
f(x_1, x_2) &= f(\boldsymbol{x}) = \frac{1}{2\pi|\Sigma|^{\frac{1}{2}}} \exp\left(-\frac{(\boldsymbol{x}-\boldsymbol{\mu})\Sigma^{-1}\,{}^t(\boldsymbol{x}-\boldsymbol{\mu})}{2}\right) \\
&= \frac{1}{2\pi\sqrt{v_{11}v_{22}-v_{12}^2}} \exp\left(-\frac{1}{2(v_{11}v_{22}-v_{12}^2)}\right.\\
&\qquad \times \left.\left\{v_{22}(x_1-\mu_1)^2 - 2v_{12}(x_1-\mu_1)(x_2-\mu_2) + v_{11}(x_2-\mu_2)^2\right\}\right) \\
&= \frac{1}{2\pi\sqrt{v_{11}v_{22}-v_{12}^2}} \exp\left(-\frac{v_{11}v_{22}}{2(v_{11}v_{22}-v_{12}^2)}\right.\\
&\qquad \times \left.\left\{\left(\frac{x_1-\mu_1}{\sqrt{v_{11}}}\right)^2 - \frac{2v_{12}}{\sqrt{v_{11}}\sqrt{v_{22}}}\cdot\frac{x_1-\mu_1}{\sqrt{v_{11}}}\cdot\frac{x_2-\mu_2}{\sqrt{v_{22}}} + \left(\frac{x_2-\mu_2}{\sqrt{v_{22}}}\right)^2\right\}\right)
\end{aligned}$$

期待値　$E(X_1) = \mu_1$,　$E(X_2) = \mu_2$

分散　$V(X_1) = v_{11}$,　$V(X_2) = v_{22}$

共分散　$\mathrm{cov}(X_1, X_2) = v_{12}$

例題 5.3　サイコロを2つ投げるとき，出た目を X, Y (ただし $X \leq Y$) とする．このとき，確率変数 X, Y に対して，次の値を計算せよ．

(1) $P(X = k)$　$(k = 1, 2, 3, 4, 5, 6)$

(2) $P(Y = k)$　$(k = 1, 2, 3, 4, 5, 6)$

(3) $E(X)$

(4) $E(Y)$

(5) $V(X)$

(6) $V(Y)$

(7) $E(X+Y)$ (ただし $E(X+Y) = E(X) + E(Y)$ を用いないで直接定義から計算する．)

(8) $E(XY)$

(9) 共分散 $\mathrm{cov}(X, Y)$

(10) $V(X+Y)$

(11) 相関係数 $\rho(X, Y)$

[解答]

(1)
$$P(X = 6) = \left(\frac{1}{6}\right)^2 = \frac{1}{36}$$
$$P(X = 5) = P(X \geq 5) - P(X \geq 6) = \left(\frac{2}{6}\right)^2 - \left(\frac{1}{6}\right)^2 = \frac{3}{36}$$

同様に

$$P(X = k) = P(X \geq k) - P(X \geq k+1)$$
$$= \left(\frac{7-k}{6}\right)^2 - \left(\frac{6-k}{6}\right)^2 = \frac{13-2k}{36} \quad (k = 1, 2, 3, 4, 5, 6)$$

(2)
$$P(Y = 1) = \left(\frac{1}{6}\right)^2 = \frac{1}{36}$$
$$P(Y = 2) = P(Y \leq 2) - P(Y \leq 1) = \left(\frac{2}{6}\right)^2 - \left(\frac{1}{6}\right)^2 = \frac{3}{36}$$

同様に

$$P(Y = k) = P(Y \leq k) - P(Y \geq k-1) = \left(\frac{k}{6}\right)^2 - \left(\frac{k-1}{6}\right)^2$$
$$= \frac{2k-1}{36} \quad (k = 1, 2, 3, 4, 5, 6)$$

(3) 期待値の定義から

$$E(X) = \sum_{k=1}^{6} k \cdot P(X=k) = \sum_{k=1}^{6} k \cdot \frac{13-2k}{36} = -\frac{1}{18}\sum_{k=1}^{6} k^2 + \frac{13}{36}\sum_{k=1}^{6} k$$
$$= -\frac{1}{18} \cdot \frac{1}{6} \cdot 6 \cdot 7 \cdot 13 + \frac{13}{36} \cdot \frac{1}{2} \cdot 6 \cdot 7 = -\frac{91}{18} + \frac{91}{12} = \frac{91}{36}$$

(4) 同様に

$$E(Y) = \sum_{k=1}^{6} k \cdot P(Y=k) = \sum_{k=1}^{6} k \cdot \frac{2k-1}{36} = \frac{1}{18}\sum_{k=1}^{6} k^2 - \frac{1}{36}\sum_{k=1}^{6} k$$
$$= \frac{1}{18} \cdot \frac{1}{6} \cdot 6 \cdot 7 \cdot 13 - \frac{1}{36} \cdot \frac{1}{2} \cdot 6 \cdot 7 = \frac{91}{18} - \frac{7}{12} = \frac{161}{36}$$

(5) 分散の定義から

$$V(X) = E(X^2) - (E(X))^2 = \sum_{k=1}^{6} k^2 \cdot P(X=k) - \left(\frac{91}{36}\right)^2$$
$$= \sum_{k=1}^{6} k^2 \cdot \frac{13-2k}{36} - \left(\frac{91}{36}\right)^2$$
$$= \frac{301}{36} - \frac{8281}{1296} = \frac{10836 - 8281}{1296} = \frac{2555}{1296}$$

(6) 同様に

$$V(Y) = E(Y^2) - (E(Y))^2 = \sum_{k=1}^{6} k^2 \cdot P(Y=k) - \left(\frac{161}{36}\right)^2$$
$$= \sum_{k=1}^{6} k^2 \cdot \frac{2k-1}{36} - \left(\frac{161}{36}\right)^2 = \frac{2555}{1296}$$

(7) X, Y の同時確率分布と周辺確率分布は次のようになる.

		Y						X の周辺確率分布
		1	2	3	4	5	6	
X	1	$\frac{1}{36}$	$\frac{2}{36}$	$\frac{2}{36}$	$\frac{2}{36}$	$\frac{2}{36}$	$\frac{2}{36}$	$\frac{11}{36}$
	2	0	$\frac{1}{36}$	$\frac{2}{36}$	$\frac{2}{36}$	$\frac{2}{36}$	$\frac{2}{36}$	$\frac{9}{36}$
	3	0	0	$\frac{1}{36}$	$\frac{2}{36}$	$\frac{2}{36}$	$\frac{2}{36}$	$\frac{7}{36}$
	4	0	0	0	$\frac{1}{36}$	$\frac{2}{36}$	$\frac{2}{36}$	$\frac{5}{36}$
	5	0	0	0	0	$\frac{1}{36}$	$\frac{2}{36}$	$\frac{3}{36}$
	6	0	0	0	0	0	$\frac{1}{36}$	$\frac{1}{36}$
	Y の周辺確率分布	$\frac{1}{36}$	$\frac{3}{36}$	$\frac{5}{36}$	$\frac{7}{36}$	$\frac{9}{36}$	$\frac{11}{36}$	1

$$E(X+Y) = \sum_{j=1}^{6}\sum_{i=1}^{6}(i+j)P(X=i, Y=j)$$
$$= (1+1)P(X=1, Y=1) + (1+2)P(X=1, Y=2)$$
$$+ (2+2)P(X=2, Y=2) + (1+3)P(X=1, Y=3)$$
$$+ (2+3)P(X=2, Y=3) + (3+3)P(X=3, Y=3)$$
$$+ \cdots + (6+6)P(X=6, Y=6)$$
$$= (2+4+6+8+10+12) \cdot \frac{1}{36} + \{(3+4+5+6+7)$$
$$+ (5+6+7+8) + (7+8+9) + (9+10) + 11\} \cdot \frac{2}{36}$$
$$= 42 \cdot \frac{1}{36} + 105 \cdot \frac{2}{36} = 7$$

次のように考えると，簡単に計算できる．2つのサイコロに名前1, 2を付けて考える．サイコロ1, 2の出た目をA_1, A_2とすると$X+Y=A_1+A_2$であるから

$$E(X+Y) = E(A_1+A_2) = \sum_{n=1}^{6}\sum_{m=1}^{6}(m+n)P(A_1=m, A_2=n)$$
$$= \sum_{n=1}^{6}\sum_{m=1}^{6}(m+n) \cdot \frac{1}{36} = \frac{1}{36}\sum_{n=1}^{6}\left(6m + \frac{1}{2} \cdot 6 \cdot 7\right)$$
$$= \frac{1}{36}\left(6 \cdot \frac{1}{2} \cdot 6 \cdot 7 + 6 \cdot \frac{1}{2} \cdot 6 \cdot 7\right) = 7$$

（注）$E(X) + E(Y) = \frac{91}{36} + \frac{161}{36} = \frac{252}{36} = 7 = E(X+Y)$ となっている．

(8) 同時確率分布の表より

$$E(XY) = \sum_{j=1}^{6}\sum_{i=1}^{6}ijP(X=i, Y=j)$$
$$= 1 \cdot 1 P(X=1, Y=1) + 1 \cdot 2 P(X=1, Y=2)$$
$$+ 2 \cdot 2 P(X=2, Y=2) + 1 \cdot 3 P(X=1, Y=3)$$
$$+ 2 \cdot 3 P(X=2, Y=3) + 3 \cdot 3 P(X=3, Y=3)$$
$$+ \cdots + 6 \cdot 6 P(X=6, Y=6)$$
$$= (1+4+9+16+25+36) \cdot \frac{1}{36} + \{1(2+3+4+5+6)$$
$$+ 2(3+4+5+6) + 3(4+5+6) + 4(5+6) + 5 \cdot 6\} \cdot \frac{2}{36}$$
$$= 91 \cdot \frac{1}{36} + 175 \cdot \frac{2}{36} = \frac{49}{4}$$

次のように考えると，簡単に計算できる．2 つのサイコロに名前 1, 2 を付けて考える．サイコロ 1, 2 の出た目を A_1, A_2 とすると $X \cdot Y = A_1 \cdot A_2$ であるから

$$E(XY) = E(A_1 A_2) = \sum_{n=1}^{6} \sum_{m=1}^{6} mn P(A_1 = m, A_2 = n) = \sum_{n=1}^{6} \sum_{m=1}^{6} mn \cdot \frac{1}{36}$$

$$= \frac{1}{36} \sum_{n=1}^{6} n \sum_{m=1}^{6} m = \frac{1}{36} \cdot \left(\frac{1}{2} \cdot 6 \cdot 7\right) \cdot \left(\frac{1}{2} \cdot 6 \cdot 7\right) = \frac{49}{4}$$

(9) $\mathrm{cov}(X, Y) = E(XY) - E(X)E(Y) = \frac{49}{4} - \frac{91}{36} \cdot \frac{161}{36} = \frac{1225}{1296}$

(10) $E(X + Y)$ の場合と同様にして

$$V(X + Y) = E((X+Y)^2) - (E(X+Y))^2 = E((A_1 + A_2)^2) - (E(X+Y))^2$$

$$= \sum_{n=1}^{6} \sum_{m=1}^{6} (m+n)^2 P(A_1 = m, A_2 = n) - 7^2$$

$$= \sum_{n=1}^{6} \sum_{m=1}^{6} (m+n)^2 \cdot \frac{1}{36} - 7^2 = \frac{1}{36} \sum_{n=1}^{6} \sum_{m=1}^{6} (m^2 + 2mn + n^2) - 7^2$$

$$= \frac{1}{36} \sum_{n=1}^{6} \left(\frac{1}{6} \cdot 6 \cdot 7 \cdot 13 + 2n \cdot \frac{1}{2} \cdot 6 \cdot 7 + 6n^2\right) - 7^2$$

$$= \frac{1}{36} \left(6 \cdot \frac{1}{6} \cdot 6 \cdot 7 \cdot 13 + 2 \cdot \frac{1}{2} \cdot 6 \cdot 7 \cdot \frac{1}{2} \cdot 6 \cdot 7 + 6 \cdot \frac{1}{6} \cdot 6 \cdot 7 \cdot 13\right) - 7^2$$

$$= \frac{7 \cdot 47}{6} - 7^2 = \frac{35}{6}$$

または

$$V(X+Y) = V(X) + V(Y) + 2\mathrm{cov}(X, Y)$$
$$= \frac{2555}{1296} + \frac{2555}{1296} + 2 \cdot \frac{1225}{1296} = \frac{7560}{1296} = \frac{35}{6}$$

(11) 相関係数の定義から

$$\rho(X, Y) = \frac{\mathrm{cov}(X, Y)}{\sqrt{V(X)}\sqrt{V(Y)}} = \frac{\frac{1225}{1296}}{\sqrt{\frac{2555}{1296}}\sqrt{\frac{2555}{1296}}} = \frac{1225}{2555} = \frac{35}{73}$$

が得られる． □

演習問題

問題 5.1 確率変数 X, Y が次の同時確率密度関数をもつ場合を考える.

$$f(x,y) = \begin{cases} e^{-(x+y)} & (x>0, y>0 \text{ のとき}) \\ 0 & (\text{その他のとき}) \end{cases}$$

このとき，確率変数 X, Y に対して，次の値を計算せよ.

(1) $P(1 < X \leq 2)$

(2) $E(X)$

(3) $E(Y)$

(4) $V(X)$

(5) $V(Y)$

(6) $E(X+Y)$ （ただし $E(X+Y) = E(X) + E(Y)$ を用いないで直接定義から計算する）

(7) $E(XY)$

(8) 共分散 $\mathrm{cov}(X, Y)$

(9) $V(X+Y)$

(10) 相関係数 $\rho(X, Y)$

第6章 大数の法則・中心極限定理・統計量

6.1. 大数の法則・中心極限定理・統計量

　自然現象や・社会現象は，一定の確率分布に従っており，このような分布を「パラメトリック」な場合と呼び，これに対して母集団がどのような分布に従うか予測できない場合を「ノン・パラメトリック」と呼ぶ．従って，パラメトリックな場合は，母集団の予測が可能であり，標本の推定量が普遍推定量であれば母集団の性質をある程度の正確さで推定することが可能になる．その場合より正確さを高めるためには，標本の数を多くすればよいことになる．サイコロを例にあげれば，サイコロをふる回数を多くすればするほど，1から6のそれぞれの数が出る確率が6分の1に近似することになる．すでに1から6のそれぞれの数が出る確率は，6分の1であることを知っており，このことを「真の確率」といい，これを数学的に証明するのが「大数の法則」である．標本の数が多ければ多いほど，標本の期待値 (平均値) は母集団の期待値である真の期待値に限りなく近づくことになる．

　確率分布が統計的な分析に役に立つのは，左右対称で単峰のなめらかで歪みのない「正規分布」(平均値・メディアン・モードは等しい) の考え方がある．多くの現象をなんらかの変換することで，この正規分布に従うことになるのである．母集団を予測し現象の特徴が分かるとすれば，数値化された分布は平均と分散の2つの値が判明すれば完全に予測できるという便利な分布である．母集団が正規分布に従うと仮定するいろいろな現象を簡単に予測できることになる．そこで，標本平均の確率分布が単に標本数が大きくなればなるほど集中するだけではなく，その標本は正規分布に近づくことを証明したのが，「中心極限定理」であり，どんな母集団であっても一定の標本を取ることで，その標本は正規分布に近づくことになる．

6.2. チェビシェフ (Chebyshev) の不等式

──── チェビシェフ (Chebyshev) の不等式 ────

定理 6.1 期待値 $E(X)$ と分散 $V(X)$ の間に以下の不等式が成り立つ.

任意の実数 $c > 0$ に対して $\quad P\bigl(|X - E(X)| > c\bigr) \leq \dfrac{V(X)}{c^2}$

これと同値なものとして,次の不等式がある.

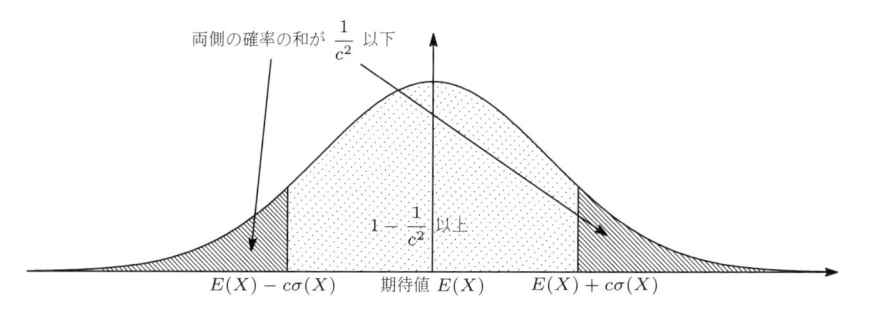

任意の実数 $c > 0$ に対して $\quad P\bigl(|X - E(X)| \leq c\bigr) \geq 1 - \dfrac{V(X)}{c^2}$

図 6.1: チェビシェフの不等式 (上の図は正規分布であるが,どんな分布に対しても成り立つ)

REMARK 上の不等式において,c の代わりに標準偏差の c 倍の値 $c\sigma(X)$ を代入すると

$$P(|X - E(X)| > c\sigma(X)) \leq \frac{V(X)}{(c\sigma(X))^2} = \frac{1}{c^2}$$

$$P(|X - E(X)| \leq c\sigma(X)) \geq 1 - \frac{V(X)}{(c\sigma(X))^2} = 1 - \frac{1}{c^2}$$

が成り立つ.つまり

$$P(\,X < E(X) - c\sigma(X),\ X > E(X) + c\sigma(X)\,) \leq \frac{1}{c^2}$$

$$P(\,E(X) - c\sigma(X) \leq X \leq E(X) + c\sigma(X)\,) \geq 1 - \frac{1}{c^2}$$

であるので，分布に関係なく $E(X) - c\sigma(X)$ と $E(X) + c\sigma(X)$ の間にある確率は $1 - \frac{1}{c^2}$ 以上であり，この区間の外側にある確率は $\frac{1}{c^2}$ 以下である，ということを意味している（図 6.1）．例えば，分布に関係なく

$$P(E(X) - \sigma(X) \leq X \leq E(X) + \sigma(X)) \geq 0 \quad (c = 1 \text{ の場合})$$
$$P(E(X) - 2\sigma(X) \leq X \leq E(X) + 2\sigma(X)) \geq 0.75 \quad (c = 2 \text{ の場合})$$
$$P(E(X) - 3\sigma(X) \leq X \leq E(X) + 3\sigma(X)) \geq 0.888 \quad (c = 3 \text{ の場合})$$

が成り立つ．c が 1 以下の場合は意味が無いが，1 より大きい場合は分布がわからなくても確率を評価することができる．ただし，多くの分布において，実際の確率との差は大きく，あまり精度は良くないといえる（以下の例を参照）． □

例 6.1 チェビシェフの不等式の精度を確かめる為に，ここでは，確率変数 X が二項分布 $B(n,p)$ に従う場合において，確率 $P(|X - E(X)| \leq c\sigma(X))$ と $1 - \frac{1}{c^2}$ の値の比較を試みることにする．

$$P(|X - E(X)| \leq c\sigma(X)) = P(E(X) - c\sigma(X) \leq X \leq E(X) + c\sigma(X))$$
$$= \sum_{\substack{E(X) - c\sigma(X) \leq k \leq E(X) + c\sigma(X) \\ \text{and } 0 \leq k \leq n}} {}_n\mathrm{C}_k\, p^k (1-p)^{n-k}$$

であるので，例えば $B(18, \frac{1}{3})$ の場合，

期待値 $E(X) = 18 \cdot \frac{1}{3} = 6$，　分散 $V(X) = 18 \cdot \frac{1}{3} \cdot \frac{2}{3} = 4$

標準偏差 $\sigma(X) = 2$

より

$$P(|X - E(X)| \leq c\sigma(X)) = \sum_{\substack{6 - 2c \leq k \leq 6 + 2c \\ \text{and } 0 \leq k \leq 18}} {}_{18}\mathrm{C}_k \left(\frac{1}{3}\right)^k \left(\frac{2}{3}\right)^{18-k}$$

である．したがって，$c = 2, 3$ の場合を比較すると次のようになる．

$c = 2$ の場合

$$P(|X - E(X)| \leq 2\sigma(X)) = \sum_{k=2}^{10} {}_{18}\mathrm{C}_k \left(\frac{1}{3}\right)^k \left(\frac{2}{3}\right)^{18-k} = 0.9788$$

$$1 - \frac{1}{2^2} = 0.75$$

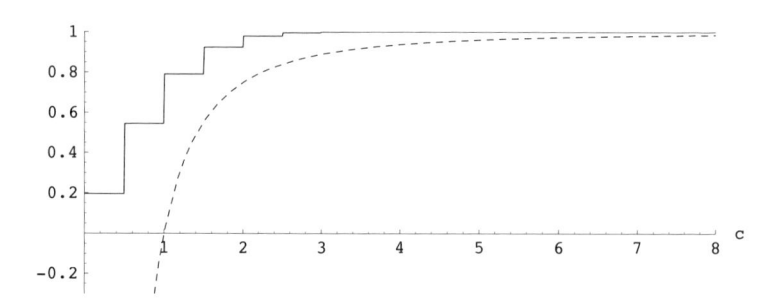

図 6.2:　X が二項分布 $B(18, \frac{1}{3})$ に従う場合の確率 $P(|X - E(X)| \leq c\sigma(X))$ [上: 実線] と $1 - \frac{1}{c^2}$ の値 [下: 破線] の関係

$c = 3$ の場合

$$P(|X - E(X)| \leq 3\sigma(X)) = \sum_{k=0}^{12} {}_{18}\mathbf{C}_k \left(\frac{1}{3}\right)^k \left(\frac{2}{3}\right)^{18-k} = 0.9991$$

$$1 - \frac{1}{3^2} = 0.888$$

また
$0 \leq c < 0.5$ のとき

$$P(|X - E(X)| \leq c\sigma(X)) = {}_{18}\mathbf{C}_6 \left(\frac{1}{3}\right)^6 \left(\frac{2}{3}\right)^{12} = 0.1963$$

$0.5 \leq c < 1$ のとき

$$P(|X - E(X)| \leq c\sigma(X)) = \sum_{k=5}^{7} {}_{18}\mathbf{C}_k \left(\frac{1}{3}\right)^k \left(\frac{2}{3}\right)^{18-k} = 0.5457$$

$1 \leq c < 1.5$ のとき

$$P(|X - E(X)| \leq c\sigma(X)) = \sum_{k=4}^{8} {}_{18}\mathbf{C}_k \left(\frac{1}{3}\right)^k \left(\frac{2}{3}\right)^{18-k} = 0.7907$$

などと計算することができるので，確率 $P(|X - E(X)| \leq c\sigma(X))$ と $1 - \frac{1}{c^2}$ の値を図示すると図 6.2 のようになる． □

例 6.2 確率変数 X が標準正規分布 $N(0,1)$ に従う場合では，$c=2,3$ のときのチェビシェフの不等式の両辺を比較すると次のようになる．

$$P(\,E(X)-2\sigma(X) \leq X \leq E(X)+2\sigma(X)\,) = 0.9544, \quad 1-\frac{1}{2^2}=0.75$$

$$P(\,E(X)-3\sigma(X) \leq X \leq E(X)+3\sigma(X)\,) = 0.9974, \quad 1-\frac{1}{3^2}=0.888$$

このあたりの区間では精度が良いとは言えない． □

6.3. 大数の法則・中心極限定理

ある集団からランダムに n 個のデータ（値）を抽出した結果，$x_1, x_2, \cdots, x_n$ であったとする．この n 個のデータは抽出する度に変わるので，これらは確率変数であると考えることができる．そこで $X_1, X_2, \cdots, X_n$ と表すことにする．これらは互いに独立で，同じ分布に従う確率変数であると考えることができる．

ここで，元の集団の詳細が不明な場合，この集団の様子を知るために，すぐに思いつくこととして平均値を計算することが挙げられるが

$$\text{平均} \quad \frac{X_1+X_2+\cdots+X_n}{n}$$

と元の集団との間にどのような関係があるかを考えてみよう．データを抽出すると平均値が1つ算出されるが

- 元の集団における平均値を知りたい場合，元の集団の平均値と抽出した値の平均値とは一致するか？

という問題が発生する．これは，例えば，たくさんのデータをとれば，完全に一致しないかもしれないが，似た値になりそうである．当然であるが，その集団からすべてのデータをとれば，両方の平均値は確実に一致する．しかし，元の集団のデータ数が無限個である場合は，すべてとることはできないし，有限個であっても，技術的に或いはコストの面で現実的でないことが多い．データをとる度にそれらの平均値は変わるので，平均値も確率変数になると考えることができるが

- データの平均値はどんな分布をしているのか？

という疑問が現れる．これらを以下の考察を例に考えることにする．

例 6.3 コインを n 回投げたときの表がでる回数を数えることを考える．i 回目に投げたときの結果が

表であれば $X_i = 1$, $\quad P(X_i = 1) = \dfrac{1}{2}$

裏であれば $X_i = 0$, $\quad P(X_i = 0) = \dfrac{1}{2}$

と確率変数 $X_1, X_2, \ldots, X_n$ と確率分布を定義すると，

$X_1 + X_2 + \cdots + X_n$　　は表の出現回数

$\dfrac{X_1 + X_2 + \cdots + X_n}{n}$　　は 1 投あたりの表の出現回数

を意味する．表の出現回数は $\frac{n}{2}$ 回，1 投あたりの表の出現回数 $\frac{1}{2}$ 回程度が期待できると予想できる．実際

$$E(X_i) = 0 \cdot \frac{1}{2} + 1 \cdot \frac{1}{2} = \frac{1}{2} \quad (i = 1, 2, \ldots, n)$$

より

$$E(X_1 + X_2 + \cdots + X_n) = E(X_1) + E(X_2) + \cdots + E(X_n)$$
$$= \frac{1}{2} + \frac{1}{2} + \cdots + \frac{1}{2} = \frac{n}{2}$$
$$E\left(\frac{X_1 + X_2 + \cdots + X_n}{n}\right) = \frac{E(X_1) + E(X_2) + \cdots + E(X_n)}{n}$$
$$= \frac{n}{2} \cdot \frac{1}{n} = \frac{1}{2}$$

と確かめられる．ここで，これらは，あくまでも期待値であるので，表の出現回数は $\frac{n}{2}$ 回よりもずっと少ない場合もあれば，多い場合もある．そこで，$\frac{X_1+X_2+\cdots+X_n}{n}$ の分布を詳しく調べることにする．

- $n = 2$ の場合

(X_1, X_2)	$(0,0)$	$(0,1)$ $(1,0)$	$(1,1)$
$\frac{X_1+X_2}{2}$	0	$\frac{1}{2}$	1
確率	$\frac{1}{4}$	$\frac{2}{4}$	$\frac{1}{4}$

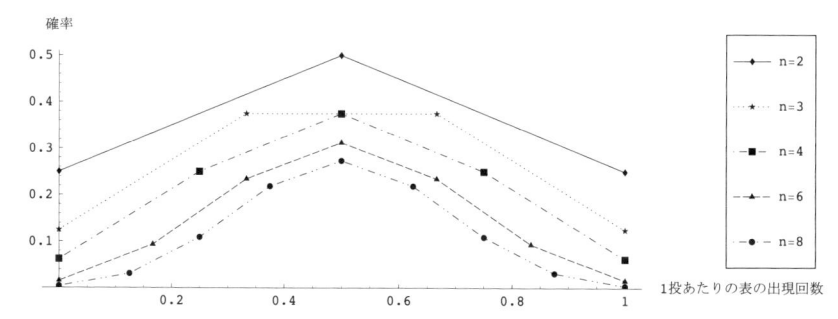

図 6.3: コインを n 回投げたときの 1 投あたりの表の出現回数の確率分布 ($n = 2, 3, 4, 5, 8$)

$$E(\tfrac{X_1+X_2}{2}) = \frac{1}{2}$$
$$V(\tfrac{X_1+X_2}{2}) = \left(0 - \frac{1}{2}\right)^2 \cdot \frac{1}{4} + \left(\frac{1}{2} - \frac{1}{2}\right)^2 \cdot \frac{2}{4} + \left(1 - \frac{1}{2}\right)^2 \cdot \frac{1}{4}$$
$$= \frac{1}{16} + \frac{1}{16} = \frac{1}{8}$$

ここで, $V(X_1) = V(X_2) = \frac{1}{4}$ より

$$V(\tfrac{X_1+X_2}{2}) = (\tfrac{1}{2})^2(V(X_1) + V(X_2)) = \tfrac{1}{4}(\tfrac{1}{4} + \tfrac{1}{4}) = \tfrac{1}{8}$$

と計算してもよい.

- $n = 3$ の場合

(X_1, X_2, X_3)	$(0,0,0)$	$(0,0,1)$ $(0,1,0)$ $(1,0,0)$	$(0,1,1)$ $(1,0,1)$ $(1,1,0)$	$(1,1,1)$
$\frac{X_1+X_2+X_3}{3}$	0	$\frac{1}{3}$	$\frac{2}{3}$	1
確率	$\frac{1}{8}$	$\frac{3}{8}$	$\frac{3}{8}$	$\frac{1}{8}$

$$E(\tfrac{X_1+X_2+X_3}{3}) = \tfrac{1}{2}, \qquad V(\tfrac{X_1+X_2+x_3}{2}) = \tfrac{1}{12}$$

- $n = 4$ の場合

(X_1, X_2, X_3, X_4)	$(0,0,0,0)$	$(0,0,0,1)$	$(0,0,1,1)$	$(0,1,1,1)$	$(1,1,1,1)$
		$(0,0,1,0)$	$(0,1,0,1)$	$(1,0,1,1)$	
		$(0,1,0,0)$	$(0,1,1,0)$	$(1,1,0,1)$	
		$(1,0,0,0)$	$(1,0,0,1)$	$(1,1,1,0)$	
			$(1,0,1,0)$		
			$(1,1,0,0)$		
$\frac{X_1+X_2+X_3+X_4}{4}$	0	$\frac{1}{4}$	$\frac{1}{2}$	$\frac{3}{4}$	1
確率	$\frac{1}{16}$	$\frac{4}{16}$	$\frac{6}{16}$	$\frac{4}{16}$	$\frac{1}{16}$

$$E(\tfrac{X_1+X_2+X_3+X_4}{4}) = \tfrac{1}{2}, \qquad V(\tfrac{X_1+X_2+X_3+X_4}{4}) = \tfrac{1}{16}$$

- $n=6$ の場合

$\frac{X_1+X_2+\cdots+X_6}{6}$	0	$\frac{1}{6}$	$\frac{2}{6}$	$\frac{3}{6}$	$\frac{4}{6}$	$\frac{5}{6}$	1
確率	$\frac{1}{64}$	$\frac{6}{64}$	$\frac{15}{64}$	$\frac{20}{64}$	$\frac{15}{64}$	$\frac{6}{64}$	$\frac{1}{64}$

$$E(\tfrac{X_1+X_2+\cdots+X_6}{6}) = \tfrac{1}{2}, \qquad V(\tfrac{X_1+X_2+\cdots+X_6}{6}) = \tfrac{1}{24}$$

- $n=8$ の場合

$\frac{X_1+X_2+\cdots+X_8}{8}$	0	$\frac{1}{8}$	$\frac{2}{8}$	$\frac{3}{8}$	$\frac{4}{8}$	$\frac{5}{8}$	$\frac{6}{8}$	$\frac{7}{8}$	1
確率	$\frac{1}{256}$	$\frac{8}{256}$	$\frac{28}{256}$	$\frac{56}{256}$	$\frac{70}{256}$	$\frac{56}{256}$	$\frac{28}{256}$	$\frac{8}{256}$	$\frac{1}{256}$

$$E(\tfrac{X_1+X_2+\cdots+X_8}{8}) = \tfrac{1}{2}, \qquad V(\tfrac{X_1+X_2+\cdots+X_8}{8}) = \tfrac{1}{32}$$

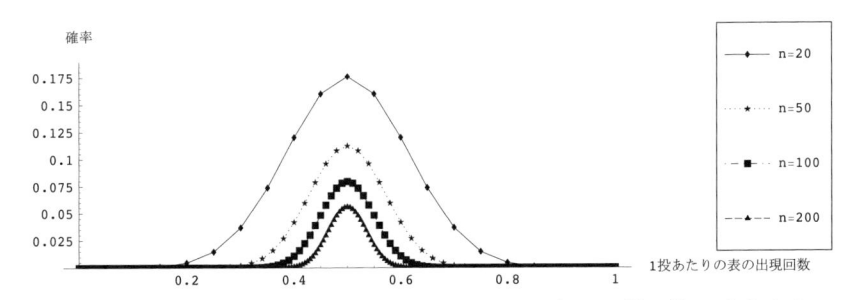

図 6.4: コインを n 回投げたときの 1 投あたりの表の出現回数の確率分布 ($n = 20, 50, 100, 200$)

$n=3$ の場合のように 1 投あたりの表の出現回数が $\frac{1}{2}$ 回にならないこともあるが，$\frac{1}{2}$ 回に近いほど確率が大きくなっていることに気づくであろう．また，分散は n が大きくなるにつれて小さくなっている．n の値を大きくすると，個々の確率は小さくなるが，$\frac{1}{2}$ の周辺に集中し，散らばりも小さくなっていることがわかる（このあとの [大数の法則] を参照）． □

例 6.4 コインを n 回投げたときの表の出現回数の確率分布は二項分布 $B(n, \frac{1}{2})$ であるが，この二項分布の期待値 $n \cdot \frac{1}{2}$，分散 $n \cdot \frac{1}{2} \cdot \frac{1}{2}$ と同じ期待値，分散をもつ正規分布 $N(n \cdot \frac{1}{2}, n \cdot \frac{1}{2} \cdot \frac{1}{2})$ を比較したものが図 6.5, 6.6, 6.7 である．両方の分布の形状が似ていることがわかる．特に n の値が大きい場合は，殆ど差がないことがわかる．

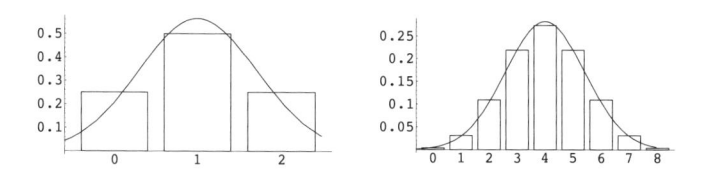

図 6.5: コインを n 回投げたときの表の出現回数の確率分布 [棒グラフ] と正規分布 $N(np, np(1-p))$ [実線] （$n = 2, 8$, $p = \frac{1}{2}$ の場合）

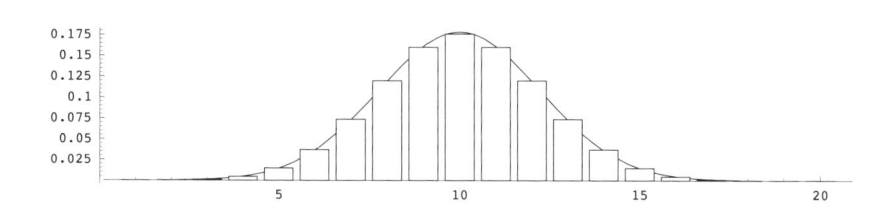

図 6.6: コインを n 回投げたときの表の出現回数の確率分布 [棒グラフ] と正規分布 $N(np, np(1-p))$ [実線] （$n = 20$, $p = \frac{1}{2}$ の場合）

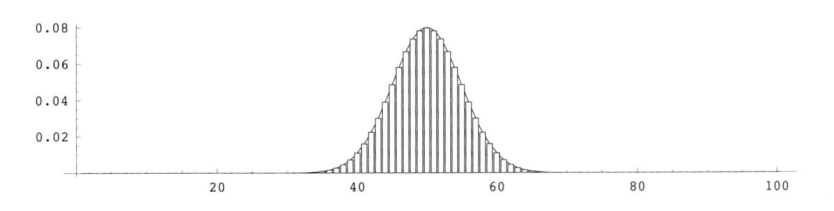

図 6.7: コインを n 回投げたときの表の出現回数の確率分布［棒グラフ］と正規分布 $N(np, np(1-p))$［実線］（$n = 100$, $p = \frac{1}{2}$ の場合）

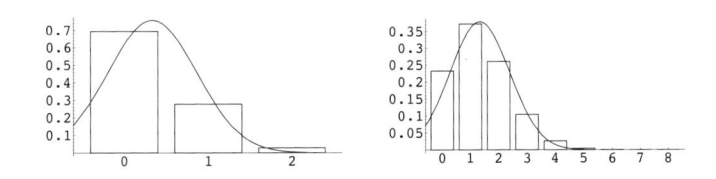

図 6.8: コインを n 回投げたときの表の出現回数の確率分布［棒グラフ］と正規分布 $N(np, np(1-p))$［実線］（$n = 2, 8$, $p = \frac{1}{6}$ の場合）

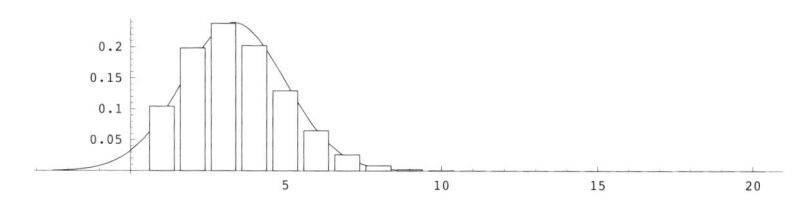

図 6.9: コインを n 回投げたときの表の出現回数の確率分布［棒グラフ］と正規分布 $N(np, np(1-p))$ ［実線］（$n=20$, $p=\frac{1}{6}$ の場合）

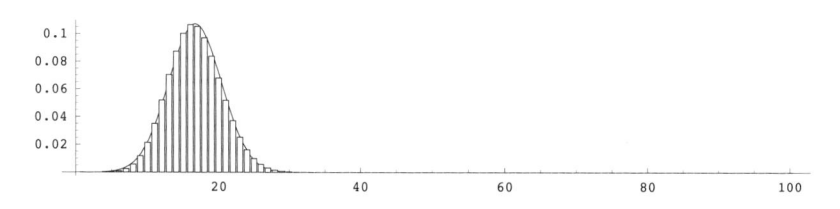

図 6.10: コインを n 回投げたときの表の出現回数の確率分布［棒グラフ］と正規分布 $N(np, np(1-p))$ ［実線］（$n=100$, $p=\frac{1}{6}$ の場合）

コインの表の出現回数の分布は，正規分布と同様に左右対称であったが，非対称の分布の場合は，(対称な分布である) 正規分布に近づくであろうか．例えば，二項分布 $B(n,p)$ において，$p=\frac{1}{6}$ である場合は，左右非対称の分布になる．二項分布 $B(n, \frac{1}{6})$ の場合も，n が増加するにつれて，正規分布に近づくことがわかる (図 6.8，6.9，6.10)．実は，分布に関係なく同様のことがいえる（このあとの [中心極限定理] を参照）． □

---- 大数の法則 ----

定理 6.2 確率変数 $X_1, X_2, \cdots, X_n, \cdots$ が互いに独立で，同じ分布に従うならば，

$$\text{期待値} \quad E(X_1) = E(X_2) = \cdots = E(X_n) = \mu$$

とするとき

$$\text{任意の } \varepsilon > 0 \text{ に対して} \quad \lim_{n \to \infty} P\left(\left|\frac{X_1 + X_2 + \cdots + X_n}{n} - \mu\right| \leq \varepsilon\right) = 1$$

上の等式は以下と同値である．

$$\text{任意の } \varepsilon > 0 \text{ に対して} \quad \lim_{n \to \infty} P\left(\left|\frac{X_1 + X_2 + \cdots + X_n}{n} - \mu\right| > \varepsilon\right) = 0$$

証明

$$\begin{aligned} E\left(\frac{X_1 + X_2 + \cdots + X_n}{n}\right) &= \frac{E(X_1 + X_2 + \cdots + X_n)}{n} \\ &= \frac{E(X_1) + E(X_2) + \cdots + E(X_n)}{n} \\ &= \frac{\mu + \mu + \cdots + \mu}{n} = \frac{n\mu}{n} = \mu \end{aligned}$$

$V(X_1) = V(X_2) = \cdots = V(X_n) = \sigma^2$ とすると $X_1, X_2, \cdots, X_n$ は互いに独立であるから

$$\begin{aligned} V\left(\frac{X_1 + X_2 + \cdots + X_n}{n}\right) &= \frac{V(X_1 + X_2 + \cdots + X_n)}{n^2} \\ &= \frac{V(X_1) + V(X_2) + \cdots + V(X_n)}{n^2} \\ &= \frac{\sigma^2 + \sigma^2 + \cdots + \sigma^2}{n^2} = \frac{n\sigma^2}{n^2} = \frac{\sigma^2}{n} \end{aligned}$$

従って，チェビシェフの不等式を用いると，任意の $\varepsilon > 0$ に対して

$$\begin{aligned} &P\left(\left|\frac{X_1 + X_2 + \cdots + X_n}{n} - \mu\right| \leq \varepsilon\right) \\ &= P\left(\left|\frac{X_1 + X_2 + \cdots + X_n}{n} - E\left(\frac{X_1 + X_2 + \cdots + X_n}{n}\right)\right| \leq \varepsilon\right) \\ &\geq 1 - \frac{V\left(\frac{X_1 + X_2 + \cdots + X_n}{n}\right)}{\varepsilon^2} \\ &= 1 - \frac{\frac{\sigma^2}{n}}{\varepsilon^2} \end{aligned}$$

$n \to \infty$ とすると

$$\lim_{n \to \infty} P\left(\left|\frac{X_1 + X_2 + \cdots + X_n}{n} - \mu\right| \leq \varepsilon\right) = 1$$

が得られる. □

REMARK 上の定理の結果において

$\dfrac{X_1 + X_2 + \cdots + X_n}{n}$ は μ に確率収束する (converge in probability)

という. □

―― 中心極限定理 ――

定理 6.3 確率変数 $X_1, X_2, \cdots, X_n, \ldots$ が互いに独立で, 同じ分布に従うならば,

期待値　$E(X_1) = E(X_2) = \cdots = E(X_n) = \cdots = \mu$
分散　$V(X_1) = V(X_2) = \cdots = V(X_n) = \cdots = \sigma^2$

とし, $N_{0,1}$ を標準正規分布 $N(0,1)$ に従う確率変数とするとき, 任意の実数 x に対して

$$\lim_{n \to \infty} P\left(\frac{\frac{X_1 + X_2 + \cdots + X_n}{n} - \mu}{\frac{\sigma}{\sqrt{n}}} \leq x\right)$$
$$= P(N_{0,1} \leq x)$$
$$= \int_{-\infty}^{x} \frac{1}{\sqrt{2\pi}} \exp\left(-\frac{t^2}{2}\right) dt$$

REMARK 上の定理の結果において

$$Z_n = \frac{\frac{X_1 + X_2 + \cdots + X_n}{n} - \mu}{\frac{\sigma}{\sqrt{n}}} \text{ は } Z \text{ に法則収束する}$$

(converge in distribution, converge in law)

という. □

REMARK 上の結果より，n が十分大きいとき，

$$\left(\text{分布 } \frac{\frac{X_1 + X_2 + \cdots + X_n}{n} - \mu}{\frac{\sigma}{\sqrt{n}}}\right) \fallingdotseq (\text{標準正規分布 } N(0,1))$$

であるから

$$\left(\text{分布 } \frac{X_1 + X_2 + \cdots + X_n}{n}\right) \fallingdotseq \left(\text{分布 } \frac{\sigma}{\sqrt{n}} N_{0,1} + \mu\right)$$

である．正規分布に従う確率変数は実数を足したり，実数を掛けたりしても（もちろん，実数を引いたり，実数で割ったりしても），また正規分布に従うので，分布 $\frac{\sigma}{\sqrt{n}} N_{0,1} + \mu$ は正規分布である．

$$E\left(\frac{\sigma}{\sqrt{n}} N_{0,1} + \mu\right) = \frac{\sigma}{\sqrt{n}} E(N_{0,1}) + \mu = \frac{\sigma}{\sqrt{n}} \cdot 0 + \mu = \mu$$

$$V\left(\frac{\sigma}{\sqrt{n}} N_{0,1} + \mu\right) = \left(\frac{\sigma}{\sqrt{n}}\right)^2 V(N_{0,1}) = \frac{\sigma^2}{n} \cdot 1 = \frac{\sigma^2}{n}$$

であるから，分布 $\frac{\sigma}{\sqrt{n}} N_{0,1} + \mu$ は正規分布 $N\left(\mu, \frac{\sigma^2}{n}\right)$ である．つまり，n が十分大きいとき，

$$\left(\text{分布 } \frac{X_1 + X_2 + \cdots + X_n}{n}\right) \fallingdotseq \left(\text{正規分布 } N\left(\mu, \frac{\sigma^2}{n}\right)\right)$$

□

標本平均と正規分布の関係

確率変数 $X_1, X_2, \cdots, X_n$ が互いに独立で，期待値 μ, 分散 σ^2 の同じ分布に従うならば，n が十分大きいとき，$\dfrac{X_1 + X_2 + \cdots + X_n}{n}$ は正規分布 $N\left(\mu, \frac{\sigma^2}{n}\right)$ で近似できる．

中心極限定理の特別な場合として，次の定理がある．

---- **de Moivre-Laplace の定理** ----

定理 6.4 S_n を二項分布 $B(n,p)$ に従う確率変数，$N_{0,1}$ を標準正規分布 $N(0,1)$ に従う確率変数とするとき

(1) 任意の実数 x に対して
$$\lim_{n\to\infty} P\left(\frac{S_n - np}{\sqrt{np(1-p)}} \leq x\right)$$
$$= P(N_{0,1} \leq x)$$
$$= \int_{-\infty}^{x} \frac{1}{\sqrt{2\pi}} \exp\left(-\frac{t^2}{2}\right) dt$$

(2) 任意の実数 a,b に対して
$$\lim_{n\to\infty} P\left(a \leq \frac{S_n - np}{\sqrt{np(1-p)}} \leq b\right)$$
$$= P(a \leq N_{0,1} \leq b)$$
$$= \int_{a}^{b} \frac{1}{\sqrt{2\pi}} \exp\left(-\frac{t^2}{2}\right) dt$$

REMARK 上の結果より，n が十分大きいとき，
$$\left(\frac{S_n - np}{\sqrt{np(1-p)}} \text{ の分布}\right) \fallingdotseq (N_{0,1} \text{ の分布})$$

であるから
$$(S_n \text{ の分布}) \fallingdotseq \left(\sqrt{np(1-p)}N_{0,1} + np \text{ の分布}\right)$$

である．正規分布に従う確率変数は実数を足したり，実数を掛けたりしても（もちろん，実数を引いたり，実数で割ったりしても），また正規分布に従うので，$\sqrt{np(1-p)}N_{0,1} + np$ は正規分布に従う．

$$E(\sqrt{np(1-p)}N_{0,1} + np) = \sqrt{np(1-p)}E(N_{0,1}) + np = \sqrt{np(1-p)} \cdot 0 + np = np$$
$$V(\sqrt{np(1-p)}N_{0,1} + np) = np(1-p)V(N_{0,1}) = np(1-p) \cdot 1 = np(1-p)$$

であるから，$\sqrt{np(1-p)}N_{0,1} + np$ は正規分布 $N(np, np(1-p))$ に従う．

つまり，n が十分大きいとき，二項分布 $B(n,p)$ は正規分布 $N(np, np(1-p))$ で近似できる．ここで

$$np = (B(n,p) \text{ の期待値}), \qquad np(1-p) = (B(n,p) \text{ の分散})$$

である． □

6.4. 統計量

母集団・標本・統計量

ある集団（母集団という）から，ランダムに n 個の値 $X_1, X_2, \cdots, X_n$ を取り出す場合を考える．これらの値は互いに独立で，同じ分布に従う確率変数と考えることができる．確率変数 $X_1, X_2, \cdots, X_n$ が互いに独立で，同じ分布に従うとき，$(X_1, X_2, \cdots, X_n)$ をこの分布（母集団分布という）からの大きさ n の標本という．また，母集団の平均，分散をそれぞれ母平均，母分散という．母平均，母分散などの母集団分布を代表する値を母数という．標本の関数から成る確率変数を統計量といい，基本的な統計量として以下のものがある．

標本平均 $\overline{X} = \dfrac{1}{n}\sum_{i=1}^{n} X_i$

標本分散 $S^2 = \dfrac{1}{n}\sum_{i=1}^{n} (X_i - \overline{X})^2$

不偏分散 $U^2 = \dfrac{1}{n-1}\sum_{i=1}^{n} (X_i - \overline{X})^2 = \dfrac{n}{n-1}S^2$

ここでの主な目的は，母集団が未知のとき，その標本から母集団を推測することである．その1つの手段として，統計量の実現値から母平均などの未知の母数を推定することにより母集団を推測する方法がある．

―――― 統計量の期待値・分散 ――――

定理 6.5 $(X_1, X_2, \cdots, X_n)$ を母集団分布の平均が μ, 分散が σ^2 である母集団からの標本とするとき

(1) 標本平均の期待値　　$E(\overline{X}) = E\left(\dfrac{1}{n}\sum_{i=1}^{n} X_i\right) = \mu$

(2) 標本平均の分散　　$V(\overline{X}) = V\left(\dfrac{1}{n}\sum_{i=1}^{n} X_i\right) = \dfrac{\sigma^2}{n}$

(3) 標本分散の期待値　　$E(S^2) = E\left(\dfrac{1}{n}\sum_{i=1}^{n} (X_i - \overline{X})^2\right) = \dfrac{n-1}{n}\sigma^2$

(4) 不偏分散の期待値　　$E(U^2) = E\left(\dfrac{1}{n-1}\sum_{i=1}^{n} (X_i - \overline{X})^2\right) = \sigma^2$

Remark　定理 6.5 より, "n で割る" 場合の分散 S^2 の期待値は母集団分布の分散と等しくないが, "$n-1$ で割る" 場合の分散 U^2 の期待値は母集団分布の分散と等しくなる. この意味で, S^2 を偏りのある分散などと呼び, U^2 の方を標本分散という場合も多い. □

証明

(1) $\overline{X} = \dfrac{1}{n}\sum_{i=1}^{n} X_i$ より

$$E(\overline{X}) = E\left(\frac{1}{n}\sum_{i=1}^{n} X_i\right) = \frac{1}{n} E\left(\sum_{i=1}^{n} X_i\right) = \frac{1}{n}\sum_{i=1}^{n} E(X_i)$$
$$= \frac{1}{n}\sum_{i=1}^{n} \mu = \frac{1}{n} \cdot n\mu = \mu$$

(2) $X_1, X_2, \cdots, X_n$ はどの 2 つも互いに独立であるから

$$V(\overline{X}) = V\left(\frac{1}{n}\sum_{i=1}^{n} X_i\right) = \frac{1}{n^2} V\left(\sum_{i=1}^{n} X_i\right) = \frac{1}{n^2}\sum_{i=1}^{n} V(X_i)$$
$$= \frac{1}{n^2}\sum_{i=1}^{n} \sigma^2 = \frac{1}{n^2} \cdot n\sigma^2 = \frac{\sigma^2}{n}$$

(3) 標本分散を変形することにより

$$\begin{aligned}
S^2 &= \frac{1}{n}\sum_{i=1}^{n}(X_i - \overline{X})^2 = \frac{1}{n}\sum_{i=1}^{n}\left\{(X_i - \mu) - (\overline{X} - \mu)\right\}^2 \\
&= \frac{1}{n}\sum_{i=1}^{n}\left\{(X_i - \mu)^2 - 2(X_i - \mu)(\overline{X} - \mu) + (\overline{X} - \mu)^2\right\} \\
&= \frac{1}{n}\sum_{i=1}^{n}(X_i - \mu)^2 - 2(\overline{X} - \mu)\left(\frac{1}{n}\sum_{i=1}^{n}X_i - \frac{1}{n}\sum_{i=1}^{n}\mu\right) + \frac{1}{n}\sum_{i=1}^{n}(\overline{X} - \mu)^2 \\
&= \frac{1}{n}\sum_{i=1}^{n}(X_i - \mu)^2 - 2(\overline{X} - \mu)(\overline{X} - \mu) + \frac{1}{n}\cdot n(\overline{X} - \mu)^2 \\
&= \frac{1}{n}\sum_{i=1}^{n}(X_i - \mu)^2 - (\overline{X} - \mu)^2
\end{aligned}$$

が成り立つ．従って

$$\begin{aligned}
E(S^2) &= E\left(\frac{1}{n}\sum_{i=1}^{n}(X_i - \mu)^2 - (\overline{X} - \mu)^2\right) \\
&= \frac{1}{n}\sum_{i=1}^{n}E\left((X_i - \mu)^2\right) - E\left((\overline{X} - \mu)^2\right) \\
&= \frac{1}{n}\sum_{i=1}^{n}E\left((X_i - E(X_i))^2\right) - E\left((\overline{X} - E(\overline{X}))^2\right) \\
&= \frac{1}{n}\sum_{i=1}^{n}V(X_i) - V(\overline{X}) \\
&= \frac{1}{n}\sum_{i=1}^{n}\sigma^2 - \frac{\sigma^2}{n} = \sigma^2 - \frac{\sigma^2}{n} = \frac{n-1}{n}\sigma^2
\end{aligned}$$

である．$E(S^2)$ は次のように計算しても良い．

$$\begin{aligned}
E(S^2) &= E\left(\frac{1}{n}\sum_{i=1}^{n}\left(X_i - \overline{X}\right)^2\right) = E\left(\frac{1}{n}\sum_{i=1}^{n}\left(X_i^2 - 2X_i\overline{X} + \overline{X}^2\right)\right) \\
&= E\left(\frac{1}{n}\sum_{i=1}^{n}X_i^2 - 2\overline{X}\cdot\frac{1}{n}\sum_{i=1}^{n}X_i + \frac{1}{n}\cdot n\overline{X}^2\right) \\
&= E\left(\frac{1}{n}\sum_{i=1}^{n}X_i^2 - 2\overline{X}\cdot\overline{X} + \overline{X}^2\right) = E\left(\frac{1}{n}\sum_{i=1}^{n}X_i^2 - \overline{X}^2\right) \\
&= E\left(\frac{1}{n}\sum_{i=1}^{n}X_i^2\right) - E\left(\overline{X}^2\right) = \frac{1}{n}\sum_{i=1}^{n}E(X_i^2) - E\left(\overline{X}^2\right)
\end{aligned}$$

ここで
$$V(X_i) = E(X_i^2) - \Big(E(X_i)\Big)^2$$
$$V(\overline{X}) = E(\overline{X}^2) - \Big(E(\overline{X})\Big)^2$$

であるから
$$E(S^2) = \frac{1}{n}\sum_{i=1}^{n}\left\{V(X_i) + \Big(E(X_i)\Big)^2\right\} - \left\{V(\overline{X}) + \Big(E(\overline{X})\Big)^2\right\}$$
$$= \frac{1}{n}\sum_{i=1}^{n}\left\{\sigma^2 + \mu^2\right\} - \left\{\frac{\sigma^2}{n} + \mu^2\right\}$$
$$= \frac{1}{n}\cdot n\left\{\sigma^2 + \mu^2\right\} - \left\{\frac{\sigma^2}{n} + \mu^2\right\} = \frac{n-1}{n}\sigma^2$$

(4) 不偏分散と標本分散の関係から
$$E(U^2) = E\left(\frac{n}{n-1}S^2\right) = \frac{n}{n-1}E(S^2) = \frac{n}{n-1}\cdot\frac{n-1}{n}\sigma^2 = \sigma^2$$

が成り立つ. □

REMARK　ある統計量の期待値が未知母数 θ に等しいとき，その統計量を未知母数 θ の不偏推定量という.

標本平均 $\overline{X}$ は母平均 μ の不偏推定量.

不偏分散 U^2 は母分散 σ^2 の不偏推定量. □

第7章 区間推定

7.1. 点推定と区間推定

正規母集団を推定する方法論は，大別すると「点推定」と「区間推定」の2つがある．点推定とは，標本の推定値から母集団の母数を推定する方法であり，その際の推定値が求められる性質として (1) 不偏性：推定値の期待値が母集団の未知の母数により近いほうがよいという性質，(2) 一致性：標本数を増やすことで，よりその推定値が母数に近くなるという性質，(3) 有効性：推定量の分散は極力少ない方がよい，といった3つの性質がある．

点推定は推定値を最適な1つに確定してしまうが，母集団を予測するのに推定値を1つに定めるのには無理がある．そこで，母数の推定量はこれぐらいの範囲にあるだろうという予測のもとに，標本と母集団のズレも折り込み済みとして幅のある推定をすることになる．これが区間推定の考え方である．その際基準となるのが「信頼区間」である．推定は，母集団が確率分布に従っているという仮定に基づいて標本から母集団について予測することである．

7.2. χ^2 分布・t 分布

ここでは，本章以降で用いる基本的分布について解説する．
(注) 確率変数 X が正規分布 $N(\mu, \sigma^2)$ に従うとき

$$X \sim N(\mu, \sigma^2)$$

などと表し，他の分布の場合も同様に表すことにする．

7.2 χ^2分布・t分布

χ^2 分布

確率密度関数が次のように与えられる分布を自由度 n の χ^2 分布(カイ2乗分布とよむ)という. χ^2_n と記すことにする.

$$f_n(x) = \begin{cases} \dfrac{1}{\Gamma(\frac{n}{2})}\left(\dfrac{1}{2}\right)^{\frac{n}{2}} x^{\frac{n}{2}-1} e^{-\frac{1}{2}x} & (x > 0) \\ 0 & (x \leq 0) \end{cases}$$

ただし $\Gamma(a) = \displaystyle\int_0^\infty y^{a-1} e^{-y} dy$ (ガンマ関数).

ガンマ関数に関して

$$\Gamma(1) = 1, \qquad \Gamma(n) = (n-1)! \quad (n = 1, 2, \cdots)$$
$$\Gamma\left(\frac{1}{2}\right) = \sqrt{\pi}, \qquad \Gamma(a) = (a-1)\Gamma(a-1)$$

などが成り立つ.

- X が自由度 n の χ^2 分布に従うとき

  期待値 $E(X) = n$, 分散 $V(X) = 2n$

- $X_1, X_2, \ldots, X_n$ が互いに独立で,標準正規分布 $N(0, 1)$ に従うとき,

$$X_1^2 + X_2^2 + \cdots + X_n^2$$

は自由度 n の χ^2 分布に従う.

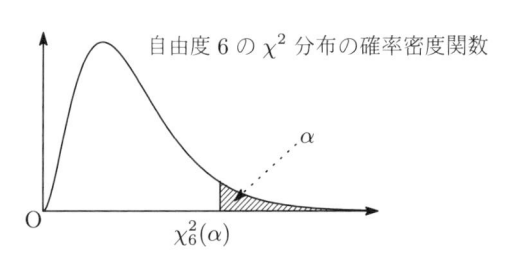

自由度 6 の χ^2 分布の確率密度関数

χ^2 分布に従う分布

定理 7.1 $X_1, X_2, \ldots, X_n$ が互いに独立で,正規分布 $N(\mu, \sigma^2)$ に従うとき

(1) $\displaystyle\sum_{i=1}^{n}\left(\frac{X_i - \mu}{\sigma}\right)^2$ は自由度 n の χ^2 分布に従う.

(2) 標本平均 $\overline{X} = \frac{1}{n}\sum_{i=1}^{n} X_i$ に対して,$\displaystyle\sum_{i=1}^{n}\left(\frac{X_i - \overline{X}}{\sigma}\right)^2 = \frac{nS^2}{\sigma^2}$ は自由度 $n-1$ の χ^2 分布に従う.

REMARK (1) $X_1, X_2, \ldots, X_n$ が互いに独立で,正規分布 $N(\mu, \sigma^2)$ に従うとき,$\frac{X_1-\mu}{\sigma}$, $\frac{X_2-\mu}{\sigma}, \ldots, \frac{X_n-\mu}{\sigma}$ は,互いに独立で標準正規分布 $N(0,1)$ に従うので,χ^2 分布の基本性質から

$$\left(\frac{X_1 - \mu}{\sigma}\right)^2 + \left(\frac{X_2 - \mu}{\sigma}\right)^2 + \cdots + \left(\frac{X_n - \mu}{\sigma}\right)^2$$

は自由度 n の χ^2 分布に従う.

(2) μ が $\overline{X}$ に変わると,簡単ではない.少しだけ解説をする.

$$\frac{X_1 - \overline{X}}{\sigma} + \frac{X_2 - \overline{X}}{\sigma} + \cdots + \frac{X_n - \overline{X}}{\sigma} = \frac{X_1 + X_2 + \cdots + X_n - n\overline{X}}{\sigma} = 0$$

であるから,$\frac{X_1-\overline{X}}{\sigma}, \frac{X_2-\overline{X}}{\sigma}, \ldots, \frac{X_n-\overline{X}}{\sigma}$ のうちの一つが大きくなれば,他は小さくなるので,一つの変数は残りの $n-1$ 個の変数と完全に独立になるというわけではない.この意味で,自由度が減ることになる(きちんと示すことは簡単でない). □

---
t 分布

確率変数 X, Y が互いに独立で,X が標準正規分布 $N(0,1)$ に従い,Y が自由度 n の χ^2 分布 χ_n^2 に従うものとする.このとき,変数 $\dfrac{X}{\sqrt{\frac{Y}{n}}}$ の分布を,自由度 n の t 分布という.t_n と記す.

次の図のように,t 分布の確率密度関数は標準正規分布の確率密度関数と似ていることに気付くであろう.自由度 n の t 分布に従う確率変数 t_n に対して

$$P(t_n > x) = \alpha$$

となるような x の値を $t_n(\alpha)$ と記すことにする.$t_n(\alpha)$ の値は巻末の付表(t 分

布表）にある．例えば，$t_7(0.05) = 1.895$（左側の表：7段目の左から3番目）である．

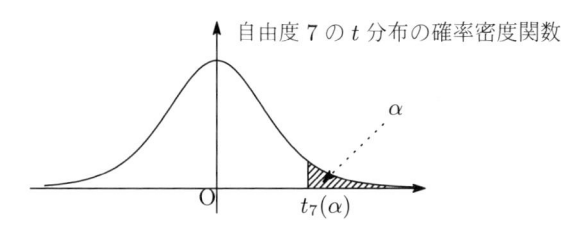

自由度 7 の t 分布の確率密度関数

―― t 分布に従う分布 ――

定理 7.2 $X_1, X_2, \ldots, X_n$ が互いに独立で，正規分布 $N(\mu, \sigma^2)$ に従うとき，

$$\frac{\overline{X} - \mu}{\sqrt{\dfrac{U^2}{n}}}$$

は自由度 $n-1$ の t 分布に従う．

証明 $\overline{X} \sim N\left(\mu, \dfrac{\sigma^2}{n}\right)$ より $\dfrac{\overline{X} - \mu}{\sqrt{\dfrac{\sigma^2}{n}}} \sim N(0, 1)$

また，定理 7.1 より

$$\sum_{i=1}^{n} \left(\frac{X_i - \overline{X}}{\sigma}\right)^2 = \frac{n-1}{\sigma^2} \cdot \frac{1}{n-1} \sum_{i=1}^{n} (X_i - \overline{X})^2 = \frac{n-1}{\sigma^2} U^2 \sim \chi_{n-1}^2$$

ここで，$\dfrac{\overline{X} - \mu}{\sqrt{\dfrac{\sigma^2}{n}}}$ と $\dfrac{n-1}{\sigma^2} U^2$ は互いに独立であることが知られている（きちんと示すことは簡単でない）．したがって，t 分布の定義により

$$\frac{\dfrac{\overline{X} - \mu}{\sqrt{\dfrac{\sigma^2}{n}}}}{\sqrt{\dfrac{\dfrac{n-1}{\sigma^2} U^2}{n-1}}} \sim t_{n-1}$$

ここで，この変数は

$$\frac{\frac{\overline{X}-\mu}{\sqrt{\frac{\sigma^2}{n}}}}{\sqrt{\frac{\frac{n-1}{\sigma^2}U^2}{n-1}}} = \frac{\overline{X}-\mu}{\sqrt{\frac{\sigma^2}{n}\cdot\frac{\frac{n-1}{\sigma^2}U^2}{n-1}}} = \frac{\overline{X}-\mu}{\sqrt{\frac{U^2}{n}}}$$

と変形できるで

$$\frac{\overline{X}-\mu}{\sqrt{\frac{U^2}{n}}} \sim t_{n-1}$$

が成り立つ. □

REMARK t 分布は自由度 n が十分大きいとき，標準正規分布で近似される. □

7.3. 区間推定

---- 区間推定 ----

母集団が未知のとき，未知母数 θ に対して，標本から確率 $P(a \leq \theta \leq b)$ が 1 に十分近くなるような区間 $[a,b]$ を見つけることを母数 θ の区間推定という. 未知母数 θ に対して

$$P(a \leq \theta \leq b) = 0.95$$

を満たす区間 $[a,b]$ を 95% 信頼区間という. 同様に $P(a \leq \theta \leq b) = 0.99$ を満たす区間を 99% 信頼区間という.

---- 母平均 μ の推定 (母集団: 正規分布, 母分散 σ^2: 既知の場合) ----

$$P\left(\overline{X} - 1.96\frac{\sigma}{\sqrt{n}} \leq \mu \leq \overline{X} + 1.96\frac{\sigma}{\sqrt{n}}\right) = 0.95$$

95% 信頼区間 $\quad \left[\overline{X} - 1.96\frac{\sigma}{\sqrt{n}},\ \overline{X} + 1.96\frac{\sigma}{\sqrt{n}}\right]$

$$P\left(\overline{X} - 2.58\frac{\sigma}{\sqrt{n}} \leq \mu \leq \overline{X} + 2.58\frac{\sigma}{\sqrt{n}}\right) = 0.99$$

99% 信頼区間 $\quad \left[\overline{X} - 2.58\frac{\sigma}{\sqrt{n}},\ \overline{X} + 2.58\frac{\sigma}{\sqrt{n}}\right]$

---- 母平均 μ の推定 (母集団: 正規分布, 母分散 σ^2: 未知の場合) ----

$$P\left(\overline{X} - t_{n-1}\left(\frac{0.05}{2}\right)\frac{S}{\sqrt{n-1}} \leq \mu \leq \overline{X} + t_{n-1}\left(\frac{0.05}{2}\right)\frac{S}{\sqrt{n-1}}\right) = 0.95$$

95% 信頼区間 $\quad \left[\overline{X} - t_{n-1}\left(\frac{0.05}{2}\right)\frac{S}{\sqrt{n-1}},\ \overline{X} + t_{n-1}\left(\frac{0.05}{2}\right)\frac{S}{\sqrt{n-1}}\right]$

$$P\left(\overline{X} - t_{n-1}\left(\frac{0.01}{2}\right)\frac{S}{\sqrt{n-1}} \leq \mu \leq \overline{X} + t_{n-1}\left(\frac{0.01}{2}\right)\frac{S}{\sqrt{n-1}}\right) = 0.99$$

99% 信頼区間 $\quad \left[\overline{X} - t_{n-1}\left(\frac{0.01}{2}\right)\frac{S}{\sqrt{n-1}},\ \overline{X} + t_{n-1}\left(\frac{0.01}{2}\right)\frac{S}{\sqrt{n-1}}\right]$

$\dfrac{S}{\sqrt{n-1}} = \dfrac{U}{\sqrt{n}}$ であることに注意.

―――― 母平均 μ の推定 (母集団: 未知の分布，標本の大きさ n: 大) ――――

$$P\left(\overline{X} - 1.96\frac{S}{\sqrt{n}} \leq \mu \leq \overline{X} + 1.96\frac{S}{\sqrt{n}}\right) = 0.95$$

$$\left(95\% \text{ 信頼区間 } \quad \left[\overline{X} - 1.96\frac{S}{\sqrt{n}},\ \overline{X} + 1.96\frac{S}{\sqrt{n}}\right]\right)$$

$$P\left(\overline{X} - 2.58\frac{S}{\sqrt{n}} \leq \mu \leq \overline{X} + 2.58\frac{\sigma}{\sqrt{n}}\right) = 0.99$$

$$\left(99\% \text{ 信頼区間 } \quad \left[\overline{X} - 2.58\frac{S}{\sqrt{n}},\ \overline{X} + 2.58\frac{S}{\sqrt{n}}\right]\right)$$

REMARK n が大きいとき，標本分散 S^2 と不偏分散 U^2 の値の差は殆どないので，S の代わりに U を用いてもよい．標本平均 $\overline{X}$，標本分散 S^2 などの値を知ることができれば，信頼区間を求めることができる．つまり，実際に信頼区間を求めるときは $\overline{X}$ の実現値 $\overline{x}$，S^2 の実現値 s^2 を代入する． □

―――― 母集団: $N(\mu, \sigma^2)$, σ^2: 既知 ――――

母集団が正規分布で，母分散 σ^2 を知っている場合，定理 6.5 より

$$\text{標本平均 } \overline{X} = \frac{X_1 + X_2 + \cdots + X_n}{n} \sim N\left(\mu, \frac{\sigma^2}{n}\right),\quad \frac{\overline{X} - \mu}{\sqrt{\frac{\sigma^2}{n}}} \sim N(0, 1)$$

が成り立つ．したがって

$$P\left(-1.96 \leq \frac{\overline{X} - \mu}{\sqrt{\frac{\sigma^2}{n}}} \leq 1.96\right) = 0.95,$$

$$P\left(\overline{X} - 1.96\frac{\sigma}{\sqrt{n}} \leq \mu \leq \overline{X} + 1.96\frac{\sigma}{\sqrt{n}}\right) = 0.95$$

が成り立つ．

例題 7.1 ある学校で 50 人の身長を測定したところ，身長の標本平均値（標本平均の実現値）が $\overline{x} = 170.5$(cm) であった．正規母集団 $N(\mu, 25)$ から取り出された標本であると仮定して，母平均 μ の 95% 信頼区間を求めよ．

[解答] 母集団が正規分布で，母分散 $\sigma^2 = 5^2$ が得られている．母平均 μ の 95% 信頼区間は
$$170.5 - 1.96 \cdot \frac{5}{\sqrt{50}} \leq \mu \leq 170.5 + 1.96 \cdot \frac{5}{\sqrt{50}}$$
計算すると $169.1 \leq \mu \leq 171.9$ となる． □

母集団: $N(\mu, \sigma^2)$, σ^2: 未知

母集団が正規分布であることがわかっているが，母分散 σ^2 は未知である場合，標本 $X_1, X_2, \ldots, X_n$ は互いに独立で，正規分布 $N(\mu, \sigma^2)$ に従っているので，標本平均 $\overline{X} = \frac{X_1 + X_2 + \cdots + X_n}{n}$ に対して，定理 7.2 より

$$\frac{\overline{X} - \mu}{\sqrt{\frac{U^2}{n}}} = \frac{\overline{X} - \mu}{\sqrt{\frac{S^2}{n-1}}} \sim t_{n-1}$$

が成り立つ．したがって

$$P\left(-t_{n-1}(0.025) \leq \frac{\overline{X} - \mu}{\sqrt{\frac{S^2}{n-1}}} \leq t_{n-1}(0.025)\right) = 0.95,$$

$$P\left(\overline{X} - t_{n-1}(0.025)\frac{S}{\sqrt{n-1}} \leq \mu \leq \overline{X} + t_{n-1}(0.025)\frac{S}{\sqrt{n-1}}\right) = 0.95$$

が成り立つ．

例題 7.2 ある部品 A を 10 個取り出して重さ (g) を測定したところ，次のデータが得られた．

10.1, 10.2, 9.6, 11.1, 9.2, 9.9, 9.9, 10.0, 10.3, 10.5

正規母集団を仮定して，上のデータから部品 A の重さの平均値について区間推定せよ（95% 信頼区間）．

[解答] 標本平均 $\overline{X}$ の実現値
$$\overline{x} = \frac{10.1 + 10.2 + 9.6 + 11.1 + 9.2 + 9.9 + 9.9 + 10.0 + 10.3 + 10.5}{10}$$
$$= 10.08$$

標本分散 S^2 の実現値

$$s^2 = \frac{1}{10}\{(10.1-10.8)^2 + (10.2-10.8)^2 + (9.6-10.8)^2 + (11.1-10.8)^2$$
$$+ (9.2-10.8)^2 + (9.9-10.8)^2 + (9.9-10.8)^2$$
$$+ (10.0-10.8)^2 + (10.3-10.8)^2 + (10.5-10.8)^2\}$$
$$= 0.2356$$

t 分布表の値　$t_{10-1}\left(\frac{0.05}{2}\right) = t_9(0.025) = 2.262$
従って，95% 信頼区間は

$$10.08 - 2.262 \cdot \frac{\sqrt{0.2356}}{\sqrt{9}} \leq \mu \leq 10.08 + 2.262 \cdot \frac{\sqrt{0.2356}}{\sqrt{9}}$$
$$10.08 - 0.37 \leq \mu \leq 10.08 + 0.37$$
$$9.71 \leq \mu \leq 10.45$$

より $[9.71, 10.45]$ となる． □

母集団: 未知，n: 十分大

中心極限定理により，標本平均 $\overline{X}$ の分布は正規分布 $N(\mu, \frac{\sigma^2}{n})$ (σ^2 は母分散) に従う．n が大きいとき，未知の σ^2 の代わりに不偏分散 U^2，標本分散 S^2 で代用できる．どちらの値も大差ないので，ここでは S^2 を用いることにすると

$$\overline{X} \sim N\left(\mu, \frac{S^2}{n}\right), \qquad \frac{\overline{X}-\mu}{\sqrt{\frac{S^2}{n}}} \sim N(0,1)$$

したがって

$$P\left(-1.96 \leq \frac{\overline{X}-\mu}{\sqrt{\frac{S^2}{n}}} \leq 1.96\right) = 0.95$$

$$P\left(\overline{X} - 1.96\frac{S}{\sqrt{n}} \leq \mu \leq \overline{X} + 1.96\frac{S}{\sqrt{n}}\right) = 0.95$$

S の代わりに U を用いてもよい．

例題 7.3　ある国で，無作為に選んだ 18 歳の男性 5000 人の体重を調査した結果，5000 人分のデータの平均値は 65.3(Kg)，標準偏差 5.7(Kg) であった．こ

の国の 18 歳男性の体重の平均 μ の 95% 信頼区間を求めよ．

[解答]　$S = 5.7, n = 5000$ より母平均 μ の 95% 信頼区間は

$$65.3 - 1.96 \cdot \frac{5.7}{\sqrt{5000}} \leq \mu \leq 65.3 + 1.96 \cdot \frac{5.7}{\sqrt{5000}}$$

計算すると $65.142 \leq \mu \leq 65.458$ となる．　　　　□

演習問題

問題 7.1　ある製品 A の平均故障時間を調べるために，無作為に 8 個を抽出して故障時間を測定した結果

　　5110, 4970, 4150, 3990, 6710, 5750, 5390, 5070　　単位: 時間

であった．製品 A の故障時間は正規分布に従っているものとして，この製品の平均故障時間の 95% 信頼区間を求めよ．

第8章 仮説検定

8.1. 検定

　検定とは，標本の統計量から推定した値が，現実のデータと当てはまっているかどうかを確認する手法である．検定における仮説の考え方には，「帰無仮説」と「対立仮説」がある．検定の方法として，まず帰無仮説 (最初から無に帰するつもりの仮説) として証明したい仮説と反対の仮説として立てることになる．そしてその仮説が正しくないことを証明すること帰無仮説の「棄却」といいい，対立仮説 (帰無仮説の対立仮説) である証明したい仮説が証明されるになる．こういった証明方法をとる理由として，証明したい仮説を最初から導くのではなく，はっきと誤りを特定できる捨てやすい仮説を捨てることで，全数調査にかかる時間とコストを削減できるからである．

例 8.1　正規分布 $N(100, 9)$ に従う母集団から 25 個のデータを取り出し，その平均値を計算したら 101.5 であった．この 25 個のデータは普通（平均的）といえるか？

　次のように考えてみる．正規分布 $N(100, 9)$ に従う母集団から

$$\text{大きさ } 25 \text{ の標本 } X_1, X_2, \ldots, X_{25}$$

を取り出す．このとき，これらの

$$\text{標本平均 } \overline{X} = \frac{X_1 + X_2 + \cdots + X_{25}}{25} \text{ は正規分布 } N\left(100, \frac{9}{25}\right) \text{ に従う.}$$

つまり

$$\frac{\overline{X} - 100}{\sqrt{\frac{9}{25}}} \text{ は標準正規分布 } N(0, 1) \text{ に従う.}$$

従って

$$P\left(\left|\frac{\overline{X} - 100}{\sqrt{\frac{9}{25}}}\right| \leq 1.96\right) = 0.95, \qquad P\left(\left|\frac{\overline{X} - 100}{\sqrt{\frac{9}{25}}}\right| \geq 1.96\right) = 0.05$$

が成り立つ．つまり $\overline{X}$ の実現値 $\overline{x}$ が

- $\left|\dfrac{\overline{x}-100}{\sqrt{\frac{9}{25}}}\right| \leq 1.96$ であれば普通（確率 0.95 の可能性で起こりうる）

であり

- $\left|\dfrac{\overline{x}-100}{\sqrt{\frac{9}{25}}}\right| \geq 1.96$ であれば特異な（希な）場合（確率 0.05 の可能性で起こりうる）

ということができる．そこで，$\overline{x} = 101.5$ については，どうであろうか？

$$\left|\frac{101.5-100}{\sqrt{\frac{9}{25}}}\right| = \left|\frac{1.5}{0.6}\right| = 2.5 \geq 1.96$$

であるので上の 25 個のデータは普通（平均的）とはいえない．

ここで，事実として 25 個のデータの平均値は 101.5 であり，むしろ疑わしいのは母集団が正規分布 $N(100,9)$ に従っているということである．ただし全て疑わしいと考えると議論しづらいので，母平均 μ が 100 であるということだけが疑わしくて，他は全て正しいものとすると，このことを，仮説検定では，次のように表現する．

$$\left(\begin{array}{l} \quad\quad 帰無仮説 \quad H_0：母平均\ \mu = 100 \\ \quad\quad 対立仮説 \quad H_1：母平均\ \mu \neq 100 \\ に対して \\ \quad\quad 有意水準（または危険率）5\%（0.05）で \\ \quad\quad 帰無仮説\ H_0：\mu = 100\ は棄却される． \end{array} \right)$$

このような，統計手法を仮説検定という．疑わしいと思っていることを仮説（帰無仮説）として設定して，この仮定の下で，5% 以下の確率でしか起こらないことが起こった場合，この仮定は正しくない可能性が高いと考え，「有意水準 5% で棄却する」という表現を用いる． □

8.2. 母平均の検定

―― 母平均の検定：正規母集団，母分散が既知の場合，両側検定 ――

正規分布に従う母集団（母分散 σ^2）の母平均 μ がある値 μ_0 と等しいかを有意水準 0.05（5%）または 0.01（1%）で検定する．

$$\text{帰無仮説} \quad H_0 : \mu = \mu_0$$
$$\text{対立仮説} \quad H_1 : \mu \neq \mu_0$$

とする．帰無仮説 H_0 が正しいとするならば，母集団が正規分布 $N(\mu_0, \sigma^2)$ に従うから，標本 $X_1, X_2, \ldots, X_n$ をとると，

$$\overline{X} = \frac{X_1 + X_2 + \cdots + X_n}{n} \sim N\left(\mu_0, \frac{\sigma^2}{n}\right), \qquad \frac{\overline{X} - \mu_0}{\sqrt{\frac{\sigma^2}{n}}} \sim N(0, 1)$$

従って

$$P\left(\left|\frac{\overline{X} - \mu_0}{\sqrt{\frac{\sigma^2}{n}}}\right| \geq 1.96\right) = 0.05, \qquad P\left(\left|\frac{\overline{X} - \mu_0}{\sqrt{\frac{\sigma^2}{n}}}\right| \geq 2.58\right) = 0.01$$

が成り立つ．実際に標本をとり標本平均 $\overline{X} = \frac{X_1 + X_2 + \cdots + X_n}{n}$ の実現値 $\overline{x} = \frac{x_1 + x_2 + \cdots + x_n}{n}$ に対して，以下のように判定する．

- 有意水準 0.05 の場合
  $\left|\frac{\overline{x} - \mu_0}{\sqrt{\frac{\sigma^2}{n}}}\right| \geq 1.96$ ならば　有意水準 0.05 で帰無仮説 H_0 を棄却する
  　　　　　　　　　　　　　　　　　　　　　　　（$\mu = \mu_0$ でない）
  $\left|\frac{\overline{x} - \mu_0}{\sqrt{\frac{\sigma^2}{n}}}\right| < 1.96$ ならば　有意水準 0.05 で帰無仮説 H_0 を棄却
  　　　　　　　　　　　　　　　　　　　　　　　できない（採択する）
  　　　　　　　　　　　　　　　　　　　　　　　（$\mu = \mu_0$ でないとはいえない）

- 有意水準 0.01 の場合
  $\left|\frac{\overline{x} - \mu_0}{\sqrt{\frac{\sigma^2}{n}}}\right| \geq 2.58$ ならば　有意水準 0.01 で帰無仮説 H_0 を棄却する
  　　　　　　　　　　　　　　　　　　　　　　　（$\mu = \mu_0$ でない）
  $\left|\frac{\overline{x} - \mu_0}{\sqrt{\frac{\sigma^2}{n}}}\right| < 2.58$ ならば　有意水準 0.01 で帰無仮説 H_0 を棄却
  　　　　　　　　　　　　　　　　　　　　　　　できない（採択する）
  　　　　　　　　　　　　　　　　　　　　　　　（$\mu = \mu_0$ でないとはいえない）

REMARK　上の有意水準 0.05 の場合，統計量 $T = \frac{\overline{x} - \mu_0}{\sqrt{\frac{\sigma^2}{n}}}$ に対して，T の実現値 t が

$$\{t \mid |t| \geq 1.96\} = (-\infty, -1.96] \cup [1.96, \infty)$$

の範囲にあるとき，帰無仮説を棄却するが，このように帰無仮説を棄却する範囲を，この仮説検定の棄却域という．検定する母数，仮説の設定方法，統計量，有意水準などにより，棄却域は異なる． □

例 8.2 （正規母集団の母平均の検定：母分散が既知の場合，両側検定） 平均 100，分散 16 である正規分布に従う母集団 A がある．ある集団から 25 個のデータを取り出し，その平均値を計算したら 101.9 であった．25 個のデータは A から取り出したものといえるか（A から取り出したものではないといいたい）．有意水準 0.05 および 0.01 で検定する．25 個のデータは A から取り出したものであると仮定して，仮説を

$$\text{帰無仮説} \quad H_0 : \mu = 100$$
$$\text{対立仮説} \quad H_1 : \mu \neq 100$$

と設定する．帰無仮説 H_0 が正しいならば，この正規母集団 $N(100, 16)$ から，データを取り出したことに考えられ，大きさ 25 の標本 $X_1, X_2, \ldots, X_{25}$ を取り出すと，

標本平均 $\overline{X} = \frac{X_1 + X_2 + \cdots + X_{25}}{25} \sim$ 正規分布 $N\left(100, \frac{16}{25}\right)$, $\quad \frac{\overline{X} - 100}{\sqrt{\frac{16}{25}}} \sim N(0, 1)$

従って

$$P\left(\left|\frac{\overline{X} - 100}{\sqrt{\frac{16}{25}}}\right| \geq 1.96\right) = 0.05, \quad P\left(\left|\frac{\overline{X} - 100}{\sqrt{\frac{16}{25}}}\right| \geq 2.58\right) = 0.01$$

が成り立つ．実現値 $\overline{x} = 101.9$ に対して $\left|\frac{101.9 - 100}{\sqrt{\frac{16}{25}}}\right| = \left|\frac{1.9}{0.8}\right| = 2.375$ である．ここで $1.96 < 2.375 < 2.58$ であるから

有意水準 0.05 で帰無仮説 H_0 は棄却できる．

有意水準 0.01 で帰無仮説 H_0 は棄却できない（帰無仮説 H_0 を採択する）．

つまり，有意水準 5% の精度では，母平均は 100 でないといえて，25 個のデータは母集団 A から取り出したものでないといえる（この主張が誤りである可能性が 5% 以下である）．この誤りの可能性を 1% 以下まで下げて考えると，母集団 A から取り出したものではないという主張はいえなくなり，母平均は 100 でないとはいえない．つまり 25 個のデータは母集団 A から取り出したものでないとはいえない． □

REMARK 上の例において，最初の主張である「帰無仮説が棄却できる」という主張が誤り（本当は帰無仮説が正しい）であることを第1種の誤り（過誤）といい，次の「帰無仮説が棄却できない」という主張が誤り（本当は帰無仮説は正しくない）であることを第2種の誤り（過誤）という． □

検定する内容によって，対立仮説の立て方が変わってくる．

―――― 両側検定，片側検定 ――――

事前に μ と μ_0 の大小関係がわかっていない場合とわかっている場合とによって，以下の3通りの対立仮説の立て方がある．また，対立仮説の立て方により，これらの検定を以下のように両側検定，片側検定（右片側検定，左片側検定）とよぶ[1]．

- μ と μ_0 の大小関係がわかっていない場合（両側検定）
  帰無仮説　$H_0 : \mu = \mu_0$
  対立仮説　$H_1 : \mu \neq \mu_0$

- $\mu \geq \mu_0$ であることがわかっている場合（右片側検定）
  帰無仮説　$H_0 : \mu = \mu_0$
  対立仮説　$H_1 : \mu > \mu_0$

- $\mu \leq \mu_0$ であることがわかっている場合（左片側検定）
  帰無仮説　$H_0 : \mu = \mu_0$
  対立仮説　$H_1 : \mu < \mu_0$

---

[1] 対立仮説の設定の方法として，大小関係がわかっている場合とわかっていない場合の他に，目的によって使い分けるという方法がある．例えば，新薬（特性 μ）が，既存の薬（特性 μ_0）よりも大きい場合にのみ，新薬の開発に成功したと判断したい場合には，大小関係がわかっているわかっていないに係わらず，対立仮説 $\mu > \mu_0$ を設定する．

母平均の検定：正規母集団，母分散が既知の場合，右片側検定

正規分布に従う母集団（母分散 σ^2）の母平均 μ がある値 μ_0 と等しいかを有意水準 0.05（5%）または 0.01（1%）で右片側検定する．

$$\text{帰無仮説} \quad H_0: \mu = \mu_0$$
$$\text{対立仮説} \quad H_1: \mu > \mu_0$$

とする．帰無仮説 H_0 が正しいとするならば，母集団が正規分布 $N(\mu_0, \sigma^2)$ に従うから，標本 $X_1, X_2, \ldots, X_n$ をとると，

$$\overline{X} = \frac{X_1 + X_2 + \cdots + X_n}{n} \sim N\left(\mu_0, \frac{\sigma^2}{n}\right), \qquad \frac{\overline{X} - \mu_0}{\sqrt{\frac{\sigma^2}{n}}} \sim N(0, 1)$$

従って

$$P\left(\frac{\overline{X} - \mu_0}{\sqrt{\frac{\sigma^2}{n}}} \geq 1.645\right) = 0.05, \qquad P\left(\frac{\overline{X} - \mu_0}{\sqrt{\frac{\sigma^2}{n}}} \geq 2.33\right) = 0.01$$

が成り立つ．実際に標本をとり標本平均 $\overline{X} = \frac{X_1 + X_2 + \cdots + X_n}{n}$ の実現値 $\overline{x} = \frac{x_1 + x_2 + \cdots + x_n}{n}$ に対して，以下のように判定する．

- 有意水準 0.05 の場合
  $\frac{\overline{x} - \mu_0}{\sqrt{\frac{\sigma^2}{n}}} \geq 1.645$ ならば　有意水準 0.05 で帰無仮説 H_0 を棄却する
  $\qquad\qquad\qquad\qquad\qquad (\mu > \mu_0)$
  $\frac{\overline{x} - \mu_0}{\sqrt{\frac{\sigma^2}{n}}} < 1.645$ ならば　有意水準 0.05 で帰無仮説 H_0 を棄却
  $\qquad\qquad\qquad\qquad\qquad$できない（採択する）
  $\qquad\qquad\qquad\qquad\qquad (\mu = \mu_0$ でないとはいえない$)$

- 有意水準 0.01 の場合
  $\frac{\overline{x} - \mu_0}{\sqrt{\frac{\sigma^2}{n}}} \geq 2.33$ ならば　有意水準 0.01 で帰無仮説 H_0 を棄却する
  $\qquad\qquad\qquad\qquad\qquad (\mu > \mu_0)$
  $\frac{\overline{x} - \mu_0}{\sqrt{\frac{\sigma^2}{n}}} < 2.33$ ならば　有意水準 0.01 で帰無仮説 H_0 を棄却
  $\qquad\qquad\qquad\qquad\qquad$できない（採択する）
  $\qquad\qquad\qquad\qquad\qquad (\mu = \mu_0$ でないとはいえない$)$

母平均の検定: 正規母集団，母分散が既知の場合，左片側検定

正規分布に従う母集団（母分散 σ^2）の母平均 μ がある値 μ_0 と等しいかを有意水準 0.05（5%）または 0.01（1%）で左片側検定する．

$$帰無仮説 \quad H_0: \mu = \mu_0$$
$$対立仮説 \quad H_1: \mu < \mu_0$$

とする．帰無仮説 H_0 が正しいとするならば，母集団が正規分布 $N(\mu_0, \sigma^2)$ に従うから，標本 $X_1, X_2, \ldots, X_n$ をとると，

$$\overline{X} = \frac{X_1 + X_2 + \cdots + X_n}{n} \sim N\left(\mu_0, \frac{\sigma^2}{n}\right), \qquad \frac{\overline{X} - \mu_0}{\sqrt{\frac{\sigma^2}{n}}} \sim N(0, 1)$$

従って

$$P\left(\frac{\overline{X} - \mu_0}{\sqrt{\frac{\sigma^2}{n}}} \leq -1.645\right) = 0.05, \qquad P\left(\frac{\overline{X} - \mu_0}{\sqrt{\frac{\sigma^2}{n}}} \leq -2.33\right) = 0.01$$

が成り立つ．実際に標本をとり標本平均 $\overline{X} = \frac{X_1 + X_2 + \cdots + X_n}{n}$ の実現値 $\overline{x} = \frac{x_1 + x_2 + \cdots + x_n}{n}$ に対して，以下のように判定する．

- 有意水準 0.05 の場合
  $\frac{\overline{x} - \mu_0}{\sqrt{\frac{\sigma^2}{n}}} \leq -1.645$ ならば　有意水準 0.05 で帰無仮説 H_0 を棄却する（$\mu < \mu_0$）

  $\frac{\overline{x} - \mu_0}{\sqrt{\frac{\sigma^2}{n}}} > -1.645$ ならば　有意水準 0.05 で帰無仮説 H_0 を棄却できない（採択する）
  （$\mu = \mu_0$ でないとはいえない）

- 有意水準 0.01 の場合
  $\frac{\overline{x} - \mu_0}{\sqrt{\frac{\sigma^2}{n}}} \leq -2.33$ ならば　有意水準 0.01 で帰無仮説 H_0 を棄却する（$\mu < \mu_0$）

  $\frac{\overline{x} - \mu_0}{\sqrt{\frac{\sigma^2}{n}}} > -2.33$ ならば　有意水準 0.01 で帰無仮説 H_0 を棄却できない（採択する）
  （$\mu = \mu_0$ でないとはいえない）

例 8.3（正規母集団の母平均の検定: 母分散が既知の場合，片側検定）　あるメーカーの自動車 B の一定条件下での走行燃費は，平均 12km/リッター，標準偏差 0.2km/リッターであった．この自動車 B に対して，幾つかのエンジンマネージメントを見直した結果，燃費が良くなったという．見直し後の自動車 B

から任意に 10 台を抜き取り検査した結果，その平均燃費は 12.15km/リッターであった．見直し後の自動車 B は燃費が良くなったといえるか．有意水準 0.05 で検定する．

見直し後も燃費は変わらないと仮定して，見直し後の燃費を μkm/リッターとする．

$$帰無仮説 \quad H_0 : \mu = 12$$
$$対立仮説 \quad H_1 : \mu > 12$$

として右片側検定をする．

$$\frac{12.15 - 12}{\sqrt{\frac{0.2^2}{10}}} = 2.37 > 1.645$$

より，帰無仮説 H_0 は棄却される．したがって，見直し後の燃費は良くなったといえる（ただし，後に述べる例 8.4 のように t 分布を用いるのが自然である）．

□

仮説検定の手順

(1) 帰無仮説，対立仮説の設定．（両側検定，片側検定）

(2) 有意水準の設定．

(3) 母集団の情報から，統計量を設定．（$\left|\frac{\overline{X}-\mu_0}{\sqrt{\frac{\sigma^2}{n}}}\right|$, $\frac{\overline{X}-\mu_0}{\sqrt{\frac{\sigma^2}{n}}}$, $\left|\frac{\overline{X}-\mu_0}{\sqrt{\frac{U^2}{n}}}\right|$, $\frac{\overline{X}-\mu_0}{\sqrt{\frac{U^2}{n}}}$ など）

(4) 統計分布表から棄却域を調べる．

(5) 標本をとり，その実現値から，調べるべき統計量の実現値を計算する．

(6) 帰無仮説を棄却できるかどうかを判定．

─── **母平均の検定：正規母集団，母分散が未知の場合** ───

正規分布に従う母集団（母分散: 未知）の母平均 μ がある値 μ_0 と等しいかを，標本 $x_1, x_2, \ldots, x_n$ を用いて，有意水準 0.05（5％）で検定する．

(1) 両側検定
  帰無仮説 $H_0: \mu = \mu_0$
  対立仮説 $H_1: \mu \neq \mu_0$

(2) 右片側検定
  帰無仮説 $H_0: \mu = \mu_0$
  対立仮説 $H_1: \mu > \mu_0$

(3) 左片側検定
  帰無仮説 $H_0: \mu = \mu_0$
  対立仮説 $H_1: \mu < \mu_0$

とする．帰無仮説 H_0 が正しいとするならば，母集団が正規分布 $N(\mu_0, \sigma^2)$ に従うから，標本 $X_1, X_2, \ldots, X_n$ をとると，

$$\frac{\overline{X} - \mu_0}{\sqrt{\frac{U^2}{n}}} = \frac{\overline{X} - \mu_0}{\sqrt{\frac{S^2}{n-1}}} \sim t_{n-1}$$

従って

$$P\left(\left|\frac{\overline{X} - \mu_0}{\sqrt{\frac{U^2}{n}}}\right| \geq t_{n-1}(0.025)\right) = 0.05$$

$$P\left(\frac{\overline{X} - \mu_0}{\sqrt{\frac{U^2}{n}}} \geq t_{n-1}(0.05)\right) = 0.05$$

$$P\left(\frac{\overline{X} - \mu_0}{\sqrt{\frac{U^2}{n}}} \leq -t_{n-1}(0.05)\right) = 0.05$$

が成り立つ．

母平均の検定：正規母集団，母分散が未知の場合（検定結果）

実際に標本をとり標本平均 $\overline{X}$ の実現値 $\overline{x}$ と不偏分散 U^2 の実現値 u^2（または標本分散 S^2 の実現値 s^2）に対して，次のように判定する．（有意水準 0.05 の場合）

(1) 両側検定

$\left|\dfrac{\overline{x}-\mu_0}{\sqrt{\frac{u^2}{n}}}\right| = \left|\dfrac{\overline{x}-\mu_0}{\sqrt{\frac{s^2}{n-1}}}\right| \geq t_{n-1}(0.025)$ ならば　有意水準 0.05 で帰無仮説 H_0 を棄却する（$\mu = \mu_0$ でない）

$\left|\dfrac{\overline{x}-\mu_0}{\sqrt{\frac{u^2}{n}}}\right| = \left|\dfrac{\overline{x}-\mu_0}{\sqrt{\frac{s^2}{n-1}}}\right| < t_{n-1}(0.025)$ ならば　有意水準 0.05 で帰無仮説 H_0 を棄却できない（採択する）（$\mu = \mu_0$ でないとはいえない）

(2) 右片側検定

$\dfrac{\overline{x}-\mu_0}{\sqrt{\frac{u^2}{n}}} = \dfrac{\overline{x}-\mu_0}{\sqrt{\frac{s^2}{n-1}}} \geq t_{n-1}(0.05)$ ならば　有意水準 0.05 で帰無仮説 H_0 を棄却する（$\mu > \mu_0$）

$\dfrac{\overline{x}-\mu_0}{\sqrt{\frac{u^2}{n}}} = \dfrac{\overline{x}-\mu_0}{\sqrt{\frac{s^2}{n-1}}} < t_{n-1}(0.05)$ ならば　有意水準 0.05 で帰無仮説 H_0 を棄却できない（採択する）（$\mu = \mu_0$ でないとはいえない）

(3) 左片側検定

$\dfrac{\overline{x}-\mu_0}{\sqrt{\frac{u^2}{n}}} = \dfrac{\overline{x}-\mu_0}{\sqrt{\frac{s^2}{n-1}}} \leq -t_{n-1}(0.05)$ ならば　有意水準 0.05 で帰無仮説 H_0 を棄却する（$\mu < \mu_0$）

$\dfrac{\overline{x}-\mu_0}{\sqrt{\frac{u^2}{n}}} = \dfrac{\overline{x}-\mu_0}{\sqrt{\frac{s^2}{n-1}}} > -t_{n-1}(0.05)$ ならば　有意水準 0.05 で帰無仮説 H_0 を棄却できない（採択する）（$\mu = \mu_0$ でないとはいえない）

REMARK　$\dfrac{U^2}{n} = \dfrac{S^2}{n-1}$ であるので，どちらを用いてもよい．　□

REMARK　有意水準 0.01 の場合，t 分布の値として以下を用いる．
(1) 両側検定 $t_{n-1}(0.005)$
(2) 右片側検定 $t_{n-1}(0.01)$

(3) 左片側検定 $-t_{n-1}(0.01)$　　　　　　　　　　　　　□

例 8.4 （正規母集団の母平均の検定: 母分散が未知の場合）　あるメーカーの自動車 B の一定条件下での走行燃費は，平均 12km/リッターであった．この自動車 B に対して，幾つかのエンジンマネージメントを見直した結果，燃費が良くなったという．見直し後の自動車 B から任意に 10 台を抜き取り検査した結果，それぞれの自動車の燃費は

12.0, 12.0, 12.0, 12.1, 12.1, 12.1, 12.2, 12.2, 12.3, 12.5　　単位 [km/リッター]

であった．見直し後の自動車 B は燃費が良くなったといえるか．有意水準 0.01 で検定する．

見直し後も燃費は変わらないと仮定して，見直し後の燃費を μ km/リッターとする．

$$帰無仮説 \quad H_0: \mu = 12$$
$$対立仮説 \quad H_1: \mu > 12$$

として右片側検定をする．

標本平均の実現値　$\bar{x} = \dfrac{12.0 + 12.0 + \cdots + 12.5}{10} = 12.15$

標本分散の実現値

$$s^2 = \frac{(12.0-12.15)^2 + (12.0-12.15)^2 + \cdots + (12.5-12.15)^2}{10}$$
$$= 0.0225 \qquad (u^2 = 0.025)$$

t 分布の値　　$t_9(0.01) = 2.821$

これらの値より

$$\frac{12.15 - 12}{\sqrt{\frac{0.0225}{9}}} = 3 > 2.821$$

従って，帰無仮説 H_0 は棄却される．見直し後の燃費は良くなったといえる．□

―――― 母平均の検定: 未知母集団, n:十分大 の場合 ――――

ある母集団（分布: 未知）の母平均 μ がある値 μ_0 と等しいかを，標本 $x_1, x_2, \ldots, x_n$ を用いて，有意水準 0.05（5%）で検定する．

(1) 両側検定
　　帰無仮説 $H_0 : \mu = \mu_0$
　　対立仮説 $H_1 : \mu \neq \mu_0$

(2) 右片側検定
　　帰無仮説 $H_0 : \mu = \mu_0$
　　対立仮説 $H_1 : \mu > \mu_0$

(3) 左片側検定
　　帰無仮説 $H_0 : \mu = \mu_0$
　　対立仮説 $H_1 : \mu < \mu_0$

とする．帰無仮説 H_0 が正しいとするならば，標本 $X_1, X_2, \ldots, X_n$ をとると，中心極限定理より，

$$\overline{X} \sim N(\mu_0, \tfrac{\sigma^2}{n}) \quad (\sigma^2: \text{母分散})$$

n が大きいとき，$\sigma^2 \fallingdotseq$ 不偏分散 $u^2 \fallingdotseq$ 標本分散 s^2 であるから

$$\overline{X} \sim N(\mu_0, \tfrac{u^2}{n}), \qquad \frac{\overline{X}-\mu_0}{\sqrt{\tfrac{u^2}{n}}} \sim N(0,1)$$

$$P\!\left(\left|\frac{\overline{X}-\mu_0}{\sqrt{\tfrac{u^2}{n}}}\right| \geq 1.96\right) = 0.05$$

$$P\!\left(\frac{\overline{X}-\mu_0}{\sqrt{\tfrac{u^2}{n}}} \geq 1.645\right) = 0.05$$

$$P\!\left(\frac{\overline{X}-\mu_0}{\sqrt{\tfrac{u^2}{n}}} \leq -1.645\right) = 0.05$$

---- **母平均の検定: 未知母集団, n:十分大 の場合（検定結果）** ----

(1) 両側検定

$\left|\dfrac{\bar{x}-\mu_0}{\sqrt{\frac{u^2}{n}}}\right| \geq 1.96$ ならば　　有意水準 0.05 で帰無仮説 H_0 を棄却する
$\qquad\qquad\qquad\qquad\qquad\quad$ ($\mu = \mu_0$ でない)

$\left|\dfrac{\bar{x}-\mu_0}{\sqrt{\frac{u^2}{n}}}\right| < 1.96$ ならば　　有意水準 0.05 で帰無仮説 H_0 を棄却できない (採択する)
$\qquad\qquad\qquad\qquad\qquad\quad$ ($\mu = \mu_0$ でないとはいえない)

(2) 右片側検定

$\dfrac{\bar{x}-\mu_0}{\sqrt{\frac{u^2}{n}}} \geq 1.654$ ならば　　有意水準 0.05 で帰無仮説 H_0 を棄却する
$\qquad\qquad\qquad\qquad\qquad\quad$ ($\mu > \mu_0$)

$\dfrac{\bar{x}-\mu_0}{\sqrt{\frac{u^2}{n}}} < 1.645$ ならば　　有意水準 0.05 で帰無仮説 H_0 を棄却できない (採択する)
$\qquad\qquad\qquad\qquad\qquad\quad$ ($\mu = \mu_0$ でないとはいえない)

(3) 左片側検定

$\dfrac{\bar{x}-\mu_0}{\sqrt{\frac{u^2}{n}}} \leq -1.654$ ならば　　有意水準 0.05 で帰無仮説 H_0 を棄却する
$\qquad\qquad\qquad\qquad\qquad\quad$ ($\mu < \mu_0$)

$\dfrac{\bar{x}-\mu_0}{\sqrt{\frac{u^2}{n}}} > -1.645$ ならば　　有意水準 0.05 で帰無仮説 H_0 を棄却できない (採択する)
$\qquad\qquad\qquad\qquad\qquad\quad$ ($\mu = \mu_0$ でないとはいえない)

Remark　$\dfrac{U^2}{n} = \dfrac{S^2}{n-1}$ であるので，n が大きいとき，$u^2 \fallingdotseq s^2$ となり，どちらを用いてもよい．　□

Remark　有意水準 0.01 の場合，以下を用いる．
(1) 両側検定: 1.96 の代わりに 2.58
(2) 右片側検定: 1.645 の代わりに 2.33
(3) 左片側検定: -1.645 の代わりに -2.33

$\qquad\qquad\qquad\qquad\qquad\qquad\qquad\qquad\qquad\qquad\qquad\qquad$ □

8.3. 適合度の検定

--- χ^2 分布による適合度の検定 ---

同時に起こらない m 個のクラス $C_1, C_2, \ldots, C_m$ があり，それぞれが起こる確率が以下のようである場合を考える．

クラス	C_1	C_2	$\cdots$	C_m	合計
発生確率	p_1	p_2	$\cdots$	p_m	1
観測度数	X_1	X_2	$\cdots$	X_m	n

観測度数 $X_1, X_2, \ldots, X_m$ に対して，$\chi^2 = \sum_{i=1}^m \frac{(X_i - np_i)^2}{np_i}$ は自由度 $m-1$ の χ^2 分布に近似する．($np_i \geq 5$ のとき)

$$\chi^2 = \sum_{i=1}^m \frac{((観測度数) - (期待度数))^2}{(期待度数)} = \sum_{i=1}^m \frac{(X_i - np_i)^2}{np_i} \sim \chi_{m-1}^2$$

自由度 n のカイ (χ^2) 分布に従う確率変数 χ_n^2 に対して

$$P(\chi_n^2 > x) = \alpha$$

となるような x の値は巻末の付表 (χ^2 分布表) にある．この値を $\chi_n^2(\alpha)$ と記すことにする．例えば，$\chi_6^2(0.05) = 12.592$ (6 段目の左から 8 番目) である．

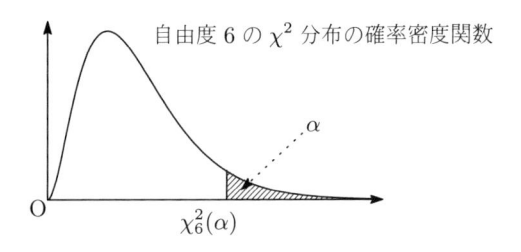

自由度 6 の χ^2 分布の確率密度関数

例 8.5 (χ^2 分布による適合度の検定) ある植物は，5 : 2 : 1 の割合で赤, ピンク, 黄色のうちのどれか 1 色の花を咲かせるといわれている．実際に 100 本を調べた結果

	赤	ピンク	黄色	合計
観測度数	67	26	7	100

であった．この割合が，本当であるかを検定することにする．（有意水準 0.05）
出現確率を p_1, p_2, p_3 とおき

$$帰無仮説 \quad H_0: p_1 = \frac{5}{8},\ p_2 = \frac{2}{8},\ p_3 = \frac{1}{8}$$
$$対立仮説 \quad H_1: H_0 が成り立たない$$

とする．

	赤	ピンク	黄色	合計
観測度数	67	26	7	100
期待度数	$100 \cdot \frac{5}{8} = 62.5$	$100 \cdot \frac{2}{8} = 25$	$100 \cdot \frac{1}{8} = 12.5$	100

であるので，

$$\chi^2 = \frac{(67-62.5)^2}{62.5} + \frac{(26-25)^2}{25} + \frac{(7-12.5)^2}{12.5} = 2.784 < \chi^2_{3-1}(0.05) = 5.9915$$

したがって，帰無仮説 H_0 は棄却されない．出現の割合は $5:2:1$ であるといえる（$5:2:1$ でないとはいえない）． □

8.4. χ^2 分布による独立性の検定

― 分割表・クロス集計表 ―

2種類の特性(属性)C, D に対して，それぞれが m 個のクラス $C_1, C_2, \ldots, C_m$ と k 個のクラス $D_1, D_2, \ldots, D_k$ に分けられている．それぞれに分類されている度数 f_{ij} が以下のように集計されている．このような表を，$m \times k$ 分割表，またはクロス集計表という．

	D_1	D_2	$\cdots$	D_k	
C_1	f_{11}	f_{12}	$\cdots$	f_{1k}	$f_{1\cdot}$
C_2	f_{21}	f_{22}	$\cdots$	f_{2k}	$f_{2\cdot}$
$\vdots$	$\vdots$	$\vdots$	$\ddots$	$\vdots$	$\vdots$
C_m	f_{m1}	f_{m2}	$\cdots$	f_{mk}	$f_{m\cdot}$
合計	$f_{\cdot 1}$	$f_{\cdot 2}$	$\cdots$	$f_{\cdot k}$	n(総数)

── χ^2 分布による独立性の検定 ──

2種類の特性(属性)C, D に対して,それぞれが m 個のクラス $C_1, C_2, \ldots, C_m$ と k 個のクラス $D_1, D_2, \ldots, D_k$ に分けられている.それぞれが起こる確率が以下のようである場合を考える(C, D を確率変数と考えると,C のとる値が $C_1, C_2, \ldots, C_m$ で,D のとる値が $D_1, D_2, \ldots, D_k$ である).

	D_1	D_2	$\cdots$	D_k
C_1	p_{11}	p_{12}	$\cdots$	p_{1k}
C_2	p_{21}	p_{22}	$\cdots$	p_{2k}
$\vdots$	$\vdots$	$\vdots$	$\ddots$	$\vdots$
C_m	p_{m1}	p_{m2}	$\cdots$	p_{mk}

総度数 n とクラス (C_i, D_j) の観測度数 X_{ij}(確率変数) に対して,$\chi^2 = \sum_{i=1}^{m} \sum_{j=1}^{k} \frac{(X_{ij} - np_{ij})^2}{np_{ij}}$ は自由度 $(m-1)(k-1)$ の χ^2 分布に近似する.($np_{ij} \geq 5$ のとき)

$$\chi^2 = \sum_{i=1}^{m} \sum_{j=1}^{k} \frac{((観測度数) - (期待度数))^2}{(期待度数)}$$
$$= \sum_{i=1}^{m} \sum_{j=1}^{k} \frac{(X_{ij} - np_{ij})^2}{np_{ij}} \sim \chi^2_{(m-1)(k-1)}$$

例 **8.6** (χ^2 分布による独立性の検定) ある薬の効果をしらべるため,200 人の患者に対して,その薬を投与したグループと投与しないグループに分けて,その後の状態を観察して集計したものが以下 (2×2 分割表) のようになった.

	治った	治らない
投与した	68	22
投与しない	64	46

薬の効果の有無を検定することにする.(有意水準 0.05)

帰無仮説 H_0: 薬の投与とその後の状態（治った，治らなかった）は独立である
対立仮説 H_1: 薬の投与とその後の状態（治った，治らなかった）は独立でない

とする．

期待度数は

	治った	治らない	合計
投与した	$132 \cdot \frac{90}{200} = 59.4$	$68 \cdot \frac{90}{200} = 30.6$	90
投与しない	$132 \cdot \frac{110}{200} = 72.6$	$68 \cdot \frac{110}{200} = 37.4$	110
合計	132	68	200

であるので，

$$\chi^2 = \frac{(68-59.4)^2}{59.4} + \frac{(22-30.6)^2}{30.6} + \frac{(64-72.6)^2}{72.6} + \frac{(46-37.4)^2}{37.4}$$
$$= 6.658 > \chi^2_{(2-1)(2-1)}(0.05) = 3.84146$$

したがって，帰無仮説 H_0 は棄却される．薬の投与とその後の状態（治った，治らなかった）とは無関係ではない．つまり，この薬の効果はあるといえる． □

8.5. グループ間の差の検定

例 **8.7** ある大学の 2 つの科目におけるテストの結果を調べたところ，以下のようであった．

科目 A のテスト得点	科目 B のテスト得点
89	89
81	92
54	64
49	70
40	53
85	72
90	77
69	85
55	72
70	51
68	80
73	46
75	68
53	68
68	52
30	48
67	49
71	79
68	75
53	61
95	93
62	88
41	56
74	77
55	39

2 グループの平均点に差があるといえるだろうか． □

8.5.1. グループ間の差の検定 (対応がある場合)

母平均の差の検定 (対応がある場合)

no.	グループ X	グループ Y
1	x_1	y_1
2	x_2	y_2
3	x_3	y_3
4	x_4	y_4
⋮	⋮	⋮

x_1 と y_1 が対応, x_2 と y_2 が対応, x_3 と y_3 が対応, ... の場合, つまり, それぞれが

$$\text{対のデータ}: (x_1, y_1), (x_2, y_2), (x_3, y_3), \ldots$$

となっている場合, 2 グループ間の平均値の差の検定は, 仮説を

$$\text{帰無仮説} \quad H_0 : (X - Y \text{ の平均値}) = 0$$
$$\text{対立仮説} \quad H_1 : (X - Y \text{ の平均値}) \neq 0$$

と設定する (あとは, 母集団分布の形, 母分散の既知/未知により平均値の検定をする).

REMARK 以下を用いて検定する.

(1) データ数が少ない場合
データ (母集団分布) が正規分布に従っていると仮定できる場合

$$\frac{\overline{X} - \mu_0}{\sqrt{\frac{u^2}{n}}} = \frac{\overline{X} - \mu_0}{\sqrt{\frac{s^2}{n-1}}} \sim \text{自由度 } n-1 \text{ の } t \text{ 分布 } t_{n-1}$$

(2) データ数が多い場合
[中心極限定理が使えるので, データ (母集団分布) が正規分布に従っていなくてもよい]

$$\frac{\overline{X} - \mu_0}{\sqrt{\frac{u^2}{n}}} = \frac{\overline{X} - \mu_0}{\sqrt{\frac{s^2}{n-1}}} \sim \text{正規分布 } N(0, 1)$$

□

例 **8.8** 例 8.7 のデータが, 次のように 25 人の学生それぞれの 2 科目のテスト結果である場合を考える. つまり, no.1 の 89 点/89 点は同一の学生のテスト結

果であり，no.2 の 81 点/92 点，no.3 の 54 点/64 点，... もまた，別の同一の学生のテスト結果である．

no.	科目 A のテスト得点	科目 B のテスト得点
1	89	89
2	81	92
3	54	64
4	49	70
5	40	53
6	85	72
7	90	77
8	69	85
9	55	72
10	70	51
11	68	80
12	73	46
13	75	68
14	53	68
15	68	52
16	30	48
17	67	49
18	71	79
19	68	75
20	53	61
21	95	93
22	62	88
23	41	56
24	74	77
25	55	39

データ数が少ないので，データが正規分布に従っている必要がある．データの正規性を仮定できるものとして，A の平均値と B の平均値の差を，以下のように検定する (有意水準 5%)．横に並んでいる得点は対応するデータであるから

帰無仮説　H_0 : (A の得点) − (B の得点) の平均値 $= 0$
対立仮説　H_1 : (A の得点) − (B の得点) の平均値 $\neq 0$

と仮説を設定する．

次のように，(A の得点) − (B の得点) とその平均値，標本分散を求める．

no.	科目 A のテスト得点	科目 B のテスト得点	(A の得点) − (B の得点)
1	89	89	0
2	81	92	−11
3	54	64	−10
4	49	70	−21
5	40	53	−13
6	85	72	13
7	90	77	13
8	69	85	−16
9	55	72	−17
10	70	51	19
11	68	80	−12
12	73	46	27
13	75	68	7
14	53	68	−15
15	68	52	16
16	30	48	−18
17	67	49	18
18	71	79	−8
19	68	75	−7
20	53	61	−8
21	95	93	2
22	62	88	−26
23	41	56	−15
24	74	77	−3
25	55	39	16
$\sum$(差)			−69
平均			−2.76
$\sum$(差)^2			5473
標本分散			211.3024

$\dfrac{\overline{X}-\mu_0}{\sqrt{\frac{s^2}{n-1}}} \sim t$ 分布 t_{n-1} より

$$\left|\dfrac{-2.76-0}{\sqrt{\frac{211.3024}{24}}}\right| \fallingdotseq |-0.93| < t_{25-1}(0.025) = 2.064$$

したがって,有意水準 5% で仮説は棄却できない (A,B の平均値は異なるとはいえない). □

8.5.2. グループ間の差の検定 (対応がない場合)

最初に，重要な分布である F 分布について解説する．

F 分布

確率変数 X, Y が互いに独立で，

$$X: \quad 自由度\ n_x\ の\ \chi^2\ 分布$$
$$Y: \quad 自由度\ n_y\ の\ \chi^2\ 分布$$

に従うとき，変数

$$\frac{\frac{X}{n_x}}{\frac{Y}{n_y}}$$

の分布を，自由度 (n_x, n_y) の F 分布という．ここでは，F_{n_x, n_y} と記すことにする．

自由度 (m, n) の F 分布に従う確率変数 $F_{m,n}$ に対して

$$P(F_{m,n} > x) = \alpha$$

となるような x の値を $F_{m,n}(\alpha)$ と記すことにする．$F_{m,n}(\alpha)$ の値は巻末の付表 (F 分布表) にある．例えば，$F_{2,22}(0.05) = 3.44$ (22 段目の左から 2 番目) である．

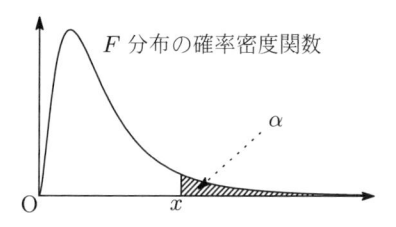

F 分布に関する公式

$$F_{m,n}(1-\alpha) = \frac{1}{F_{n,m}(\alpha)}$$

$F_{2,5}(0.95) = \frac{1}{F_{5,2}(0.05)}$ などと使う．

第 8 章 仮説検定　151

―― F 分布に従う分布 ――

定理 8.1

(1)
- $X_1, X_2, \ldots, X_n$: 互いに独立で，正規分布 $N(\mu_x, \sigma_x^2)$ に従う．
- $Y_1, Y_2, \ldots, Y_m$: 互いに独立で，正規分布 $N(\mu_y, \sigma_y^2)$ に従う．

このとき，変数

$$\frac{\dfrac{nS_x^2}{\sigma_x^2(n-1)}}{\dfrac{mS_y^2}{\sigma_y^2(m-1)}} = \frac{\dfrac{U_x^2}{\sigma_x^2}}{\dfrac{U_y^2}{\sigma_y^2}}$$

は自由度 $(n-1, m-1)$ の F 分布に従う．ただし，S_x^2, U_x^2 は，それぞれ $X_1, X_2, \ldots, X_n$ の標本分散，不偏分散を表し，S_y^2, U_y^2 は，それぞれ $Y_1, Y_2, \ldots, Y_n$ の標本分散，不偏分散を表す．

(2) 特に，$\sigma_x = \sigma_y$ のとき，変数

$$\frac{\dfrac{nS_x^2}{n-1}}{\dfrac{mS_y^2}{m-1}} = \frac{U_x^2}{U_y^2}$$

は自由度 $(n-1, m-1)$ の F 分布に従う．

証明

$$\overline{X} = \frac{1}{n}\sum_{i=1}^{n} X_i, \quad S_x^2 = \frac{1}{n}\sum_{i=1}^{n}(X_i - \overline{X})^2, \quad U_x^2 = \frac{1}{n-1}\sum_{i=1}^{n}(X_i - \overline{X})^2$$

$$\overline{Y} = \frac{1}{m}\sum_{i=1}^{m} Y_i, \quad S_y^2 = \frac{1}{m}\sum_{i=1}^{m}(Y_i - \overline{Y})^2, \quad U_y^2 = \frac{1}{m-1}\sum_{i=1}^{m}(Y_i - \overline{Y})^2$$

であるから，定理 7.1 より $\sum_{i=1}^{n}\left(\frac{X_i - \overline{X}}{\sigma_x}\right)^2$ は自由度 $n-1$ の χ^2 分布に従い，$\sum_{i=1}^{m}\left(\frac{Y_i - \overline{Y}}{\sigma_y}\right)^2$ は自由度 $m-1$ の χ^2 分布に従う．従って

$$\sum_{i=1}^{n}\left(\frac{X_i - \overline{X}}{\sigma_x}\right)^2 = \frac{n}{\sigma_x^2} \cdot \frac{1}{n}\sum_{i=1}^{n}(X_i - \overline{X})^2 = \frac{n}{\sigma_x^2} \cdot S_x^2 \sim \chi_{n-1}^2$$

$$\sum_{i=1}^{m}\left(\frac{Y_i - \overline{Y}}{\sigma_y}\right)^2 = \frac{m}{\sigma_y^2} \cdot \frac{1}{m}\sum_{i=1}^{m}(Y_i - \overline{Y})^2 = \frac{m}{\sigma_y^2} \cdot S_y^2 \sim \chi_{m-1}^2$$

である. F 分布の定義より

$$\frac{\frac{\frac{n}{\sigma_x^2} \cdot S_x^2}{n-1}}{\frac{\frac{m}{\sigma_y^2} \cdot S_y^2}{m-1}} = \frac{\frac{nS_x^2}{\sigma_x^2(n-1)}}{\frac{mS_y^2}{\sigma_y^2(m-1)}} = \frac{\frac{U_x^2}{\sigma_x^2}}{\frac{U_y^2}{\sigma_y^2}} \sim F_{n-1,m-1}.$$

が成り立つ. □

対応がない場合の母平均の差の検定について述べる. ここでは, 2 つのグループの母分散が等しいかどうかが問題になるので, 2 グループの等分散性の検定について先に述べる.

---
2 グループの等分散性の検定

	グループ X	グループ Y
	x_1	y_1
	x_2	y_2
	x_3	y_3
	⋮	⋮
	x_{n_x}	y_{n_y}
データ数	n_x	n_y

2 グループのデータが正規分布に従っていると仮定する. 各グループの母分散を σ_x^2, σ_y^2 とする. $\sigma_x^2 = \sigma_y^2$ のとき

$$\frac{U_x^2}{U_y^2} = \frac{\frac{n_x}{n_x-1}S_x^2}{\frac{n_y}{n_y-1}S_y^2} \sim F_{n_x-1, n_y-1}(\text{自由度 } (n_x-1, n_y-1) \text{ の } F \text{ 分布})$$

(U_x^2, U_y^2 は不偏分散, S_x^2, S_y^2 は標本分散)

───── **2 グループの等分散性の検定（両側検定・結果）** ─────

両側検定 (有意水準 0.05)

$$\text{帰無仮説 } H_0 : \sigma_x^2 = \sigma_y^2, \quad \text{対立仮説 } H_1 : \sigma_x^2 \neq \sigma_y^2$$

不偏分散 U_x^2, U_y^2 の実現値 u_x^2, u_y^2 または，標本分散 S_x^2, S_y^2 の実現値 s_x^2, s_y^2 を用いて

(1) $u_x^2 \geq u_y^2,\ s_x^2 \geq s_y^2$ の場合

- $\dfrac{u_x^2}{u_y^2} = \dfrac{\frac{n_x}{n_x-1}s_x^2}{\frac{n_y}{n_y-1}s_y^2} \geq F_{n_x-1, n_y-1}(0.025)$ ならば
  帰無仮説 H_0 を棄却する ($\sigma_x^2 \neq \sigma_y^2$)

- $\dfrac{u_x^2}{u_y^2} = \dfrac{\frac{n_x}{n_x-1}s_x^2}{\frac{n_y}{n_y-1}s_y^2} < F_{n_x-1, n_y-1}(0.025)$ ならば
  帰無仮説 H_0 を棄却できない ($\sigma_x^2 \neq \sigma_y^2$ とはいえない)

(2) $u_x^2 \leq u_y^2,\ s_x^2 \leq s_y^2$ の場合

- $\dfrac{u_y^2}{u_x^2} = \dfrac{\frac{n_y}{n_y-1}s_y^2}{\frac{n_x}{n_x-1}s_x^2} \geq F_{n_y-1, n_x-1}(0.025)$ ならば
  帰無仮説 H_0 を棄却する ($\sigma_x^2 \neq \sigma_y^2$)

- $\dfrac{u_y^2}{u_x^2} = \dfrac{\frac{n_y}{n_y-1}s_y^2}{\frac{n_x}{n_x-1}s_x^2} < F_{n_y-1, n_x-1}(0.025)$ ならば
  帰無仮説 H_0 を棄却できない ($\sigma_x^2 \neq \sigma_y^2$ とはいえない)

REMARK (1)(2) は同じことを述べている．つまり u_x^2, u_y^2 または s_x^2, s_y^2 の大きい方を分子，小さい方を分母にして，$\dfrac{u_x^2}{u_y^2} = \dfrac{\frac{n_x}{n_x-1}s_x^2}{\frac{n_y}{n_y-1}s_y^2}$ の値を 1 以上にして比較する． □

―――― **2グループの等分散性の検定（片側検定・結果）** ――――

片側検定 (有意水準 0.05)

$$\text{帰無仮説 } H_0: \sigma_x^2 = \sigma_y^2, \quad \text{対立仮説 } H_1: \sigma_x^2 > \sigma_y^2$$

- $\dfrac{u_x^2}{u_y^2} = \dfrac{\frac{n_x}{n_x-1}s_x^2}{\frac{n_y}{n_y-1}s_y^2} \geq F_{n_x-1, n_y-1}(0.05)$ ならば
  帰無仮説 H_0 を棄却する ($\sigma_x^2 > \sigma_y^2$)

- $\dfrac{u_x^2}{u_y^2} = \dfrac{\frac{n_x}{n_x-1}s_x^2}{\frac{n_y}{n_y-1}s_y^2} < F_{n_x-1, n_y-1}(0.05)$ ならば
  帰無仮説 H_0 を棄却できない ($\sigma_x^2 > \sigma_y^2$ とはいえない)

例 8.9 例 8.7 のデータに関して，A の得点と B の得点の間における，ばらつきの大きさの差の有無について，すなわち，2科目の分散が等しいか否かについて調べることにする．また，2つのグループのデータ（母集団）に正規性が仮定できるものとする．

科目 A, B の得点の分散を，それぞれ σ_A^2, σ_B^2 とする．

$$\text{帰無仮説 } H_0: \sigma_A^2 = \sigma_B^2, \quad \text{対立仮説 } H_1: \sigma_A^2 \neq \sigma_B^2$$

として，有意水準 0.05 で検定する．

no.	科目 A のテスト得点 (変数 A)	科目 B のテスト得点 (変数 B)
1	89	89
2	81	92
3	54	64
4	49	70
5	40	53
6	85	72
7	90	77
8	69	85
9	55	72
10	70	51
11	68	80
12	73	46
13	75	68
14	53	68
15	68	52
16	30	48
17	67	49
18	71	79
19	68	75
20	53	61
21	95	93
22	62	88
23	41	56
24	74	77
25	55	39
$\sum$(値)	1635	1704
平均	$\bar{a} = 65.4$	$\bar{b} = 68.16$
$\sum$(値)^2	113335	122052
標本分散	256.24	236.2944

各標本分散の実現値は $s_A^2 = 256.24$, $s_B^2 = 236.2944$ であるから

$$\frac{u_A^2}{u_B^2} = \frac{\frac{25 \cdot 256.24}{24}}{\frac{25 \cdot 236.2944}{24}} = \frac{256.24}{236.2944} = 1.0844 < F_{24,24}(0.025) = 2.27$$

(大きい方を分子にする)

したがって，帰無仮説 H_0 は棄却できない．つまり，$\sigma_A^2 \neq \sigma_B^2$ とはいえない．□

8.5. グループ間の差の検定

それぞれの集団に対応がない場合の母平均の差の検定は，分散が等しいかどうかにより，次のように方法が分かれる．

母平均の差の検定 (対応がない場合)[等分散ケース]

	グループ X	グループ Y
	x_1	y_1
	x_2	y_2
	x_3	y_3
	⋮	⋮
	x_{n_x}	y_{n_y}
データ数	n_x	n_y

2 グループのデータが正規分布 $N(\mu_x, \sigma_x)$, $N(\mu_y, \sigma_y)$ に従っていると仮定する．

$$\text{帰無仮説 } H_0: \mu_x = \mu_y \qquad \text{対立仮説 } H_1: \mu_x \neq \mu_y$$

- 分散 σ_x^2, σ_y^2: 未知，$\sigma_x^2 = \sigma_y^2$ の場合

$$\frac{\overline{X} - \overline{Y}}{\sqrt{\frac{S^2}{n_x} + \frac{S^2}{n_y}}} \sim t_{n_x+n_y-2} \text{ (自由度 } n_x + n_y - 2 \text{ の } t \text{ 分布)},$$

$$\text{ただし } S^2 = \frac{n_x S_x^2 + n_y S_y^2}{n_x + n_y - 2}$$

(データ数 (n_x, n_y) が多い場合は，標準正規分布に近似する)
平均 $\overline{X}, \overline{Y}$ の実現値 $\overline{x}, \overline{y}$，標本分散 S_x^2, S_y^2 の実現値 s_x^2, s_y^2 を用いて
(両側検定，有意水準 0.05)

- $\left| \dfrac{\overline{x} - \overline{y}}{\sqrt{\frac{s_x^2}{n_x} + \frac{s_y^2}{n_y}}} \right| \geq t_{n_x+n_y-2}(0.025)$ ならば
帰無仮説 H_0 を棄却する ($\mu_x \neq \mu_y$)

- $\left| \dfrac{\overline{x} - \overline{y}}{\sqrt{\frac{s_x^2}{n_x} + \frac{s_y^2}{n_y}}} \right| < t_{n_x+n_y-2}(0.025)$ ならば
帰無仮説 H_0 を棄却できない ($\mu_x \neq \mu_y$ とはいえない)

等分散性が成り立たない場合は，次の方法を用いる．

母平均の差の検定 (対応がない場合)

	グループ X	グループ Y
	x_1	y_1
	x_2	y_2
	x_3	y_3
	$\vdots$	$\vdots$
	x_{n_x}	y_{n_y}
データ数	n_x	n_y

2 グループのデータが正規分布 $N(\mu_x, \sigma_x)$, $N(\mu_y, \sigma_y)$ に従っていると仮定する．

帰無仮説 $H_0 : \mu_x = \mu_y$　　　対立仮説 $H_1 : \mu_x \neq \mu_y$

(1) 分散 σ_x^2, σ_y^2: 未知，データ数が多い場合

$$\frac{\overline{X} - \overline{Y}}{\sqrt{\frac{u_x^2}{n_x} + \frac{u_y^2}{n_y}}} \sim N(0, 1)$$

(2) 分散 σ_x^2, σ_y^2: 未知，データ数が少ない場合

$$\frac{\overline{X} - \overline{Y}}{\sqrt{\frac{U_x^2}{n_x} + \frac{U_y^2}{n_y}}} : \text{自由度 } m \text{ の } t \text{ 分布を用いる (代用する)}$$

ただし，自由度 m は

$$\frac{\left(\frac{u_x^2}{n_x} + \frac{u_y^2}{n_y}\right)^2}{m} = \frac{\left(\frac{u_x^2}{n_x}\right)^2}{n_x - 1} + \frac{\left(\frac{u_y^2}{n_y}\right)^2}{n_y - 1}$$

を満たす m (に近い整数値) を用いる．　　(ウェルチの検定)

例 8.10　例 8.7 のデータに関して，2 科目間の平均値に差があるかないかについて，考える．例 8.8 とは異なり，データが対になっていない場合，例えば，科目 A, B を受けた学生が異なる場合等を想定する．

例 8.9 より，科目 A, B について，等分散性 ($\sigma_A^2 = \sigma_B^2$) が仮定できる．そこで，科目 A, B の平均を，それぞれ μ_A, μ_B と置き

$$\text{帰無仮説} \quad H_0: \mu_A = \mu_B$$
$$\text{対立仮説} \quad H_1: \mu_A \neq \mu_B$$

として，有意水準 0.05 で検定する．$n_A = n_B = 25$ より

$$s^2 = \frac{n_A s_A^2 + n_B s_B^2}{n_A + n_B - 2} = \frac{25 \cdot 256.24 + 25 \cdot 236.2944}{25 + 25 - 2} = \frac{12313.36}{48},$$

$$\left| \frac{\overline{a} - \overline{b}}{\sqrt{\frac{s^2}{n_A} + \frac{s^2}{n_B}}} \right| = \left| \frac{65.4 - 68.16}{\sqrt{\frac{12313.36}{48 \cdot 25} + \frac{12313.36}{48 \cdot 25}}} \right| = \left| \frac{-2.76}{\sqrt{20.5223}} \right|$$

$$= \left| \frac{-2.76}{4.53015} \right| = 0.609 < 2.01 = t_{25+25-2}(0.025).$$

したがって，帰無仮説 H_0 は棄却できない．つまり，$\mu_A \neq \mu_B$ とはいえない．

t 分布 ($t_{25+25-2}(0.025) = 2.01$) の代わりに標準正規分布を用いた場合

$$P\left(\left| \frac{\overline{A} - \overline{B}}{\sqrt{\frac{s^2}{n_A} + \frac{s^2}{n_B}}} \right| < 1.96 \right) = 0.95$$

であるから

$$\left| \frac{\overline{a} - \overline{b}}{\sqrt{\frac{s^2}{n_A} + \frac{s^2}{n_B}}} \right| = 0.609 < 1.96$$

したがって，帰無仮説 H_0 は棄却できない．[2] つまり，$\mu_A \neq \mu_B$ とはいえない．

□

---

[2] n_A, n_B が十分大きい場合，$t_{25+25-2}(0.05) = 2.01 \fallingdotseq 1.96$ の近似誤差が小さくなる．

演習問題

問題 8.1 ある会社では,定期的に工場敷地内の一定の場所から気体を採取して,ベンゼンの濃度を測定している.10 日前に,社内基準を改定して,工場におけるベンゼンなどの排出量の社内基準値が下げられた.社内基準改定前に測定されたベンゼンの濃度は平均 $31.5\,[\mu\mathrm{g/m^3}]$ (μ は 10^{-6}) の正規分布に従っていることがわかっている.社内基準改定後に,ベンゼンの濃度が下がったかを調査するために,改定後の 10 日間の濃度を測定した結果,以下の通りであった.

27.3, 28.4, 32.3, 30.4, 28.9, 31.5, 30.4, 31.8, 30.5, 27.5　　単位: $\mu\mathrm{g/m^3}$

社内基準改定後のベンゼンの濃度が下がったかを有意水準 5% で検定せよ.

問題 8.2 ある大学の学生に車の所有の有無と海外旅行の経験の有無について調査したところ,73 人から回答が得られ,以下のような結果となった.

	海外旅行: 有	海外旅行: 無
車を所有している	14 人	35 人
車を所有していない	6 人	18 人

車の所有の有無と海外旅行の経験の有無との間に関係があるかについて,検定せよ.(有意水準 5%)

問題 8.3 以下は,一人暮らしの学生 (11 人) と親と同居している学生 (5 人) に対して,アルバイトでの収入についてのサンプル調査をした結果である.アルバイトでの収入に関して,一人暮らしの人と親と同居している人の平均値に差があるかを検定せよ.(有意水準 5%)

アルバイトの収入は？(単位：万円)

一人暮らし	親と同居
7	10
5	5
2	6
3	6
0	6
5	
3	
4	
0	
8	
2	

第9章 重回帰分析

9.1. 重回帰分析

　回帰分析とはあるデータの間で相関がある場合，その間の原因と結果である因果関係が認められれば，片方の値を変化させればもう一方の値も変化することになり，お互いに影響力を持っていることになる．その関係を数式化できれば，予測したい未知数を予測することも可能である．たとえば，企業が売上高を予測したい場合，売上高を増大させるための要因が特定できれば，次年度以降の売上高も予測できることになる．こういった因果関係から数式化するための方法が回帰分析である．ある結果に対して原因が1つの場合を想定して分析する方法を「単回帰分析」(この場合，直線的な回帰になる) といい，原因が2つ以上ある場合を「重回帰分析」という．いま，x(原因) から y(結果) への因果関係があるとすると，x のことを「説明変数」(または独立変数)，y のことを「目的変数」(または従属変数) と呼ぶ．また，3種類以上の多元的データを分析する方法を多変量解析という．多変量解析には，①重回帰分析，②判別分析 (目的変数が定性的データの重回帰分析)，③主成分分析 (隠れた要因を分析するために重要となるデータを合成し，より少ない変数で目的変数を説明できるようにする方法)，④因子分析 (目的変数の共通因子を仮定して正確に目的変数を予測する方法) などがある．

9.2. 重回帰分析（目的変量・説明変量）

　この章では，いくつかの変量の値から，ある変量の値を予測する，あるいは，変量間の因果関係を調べるための分析手法について述べる．このような場合の分析手法の一つが，これから説明する重回帰分析である．

9.2. 重回帰分析（目的変量・説明変量）

例 9.1 次の表における科目 B のテストの得点 (y) を科目 B の出席合計 (x_1) と科目 A のテストの得点 (x_2) を用いて説明できないだろうか．あるいは，科目 B の出席合計 (x_1) と科目 A のテストの得点 (x_2) がわかっているとき，この 2 つの結果から科目 B のテストの得点 (y) を予測することができないだろうか．

データ番号	目的変量 科目 B の テストの得点 (y)	説明変量 科目 B の 出席合計 (x_1)	科目 A の テストの得点 (x_2)
1	89	22	89
2	92	22	81
3	64	17	54
4	70	21	49
5	53	19	40
6	72	21	85
7	77	21	90
8	85	22	69
9	72	18	55
10	51	16	70
11	80	21	68
12	46	13	73
13	68	20	75
14	68	15	53
15	52	21	68
16	48	20	30
17	49	17	67
18	79	21	71
19	75	19	68
20	61	18	53
21	93	22	95
22	88	22	62
23	56	17	41
24	77	20	74
25	39	15	55

$y = 1.5x_1 + x_2 - 28$ などと表すことができれば，科目 B のテストの得点 (y) と科目 B の出席合計 (x_1)，科目 A のテストの得点 (x_2) の関係を説明することができる．同様に，科目 B の出席合計 (x_1) と科目 A のテストの得点 (x_2) から科目 B のテストの得点 (y) を予測することができることになる． □

―― 目的変数，説明変量 [1] ――

目的変量 予測したい値 (変量)．結果を表す値 (変量)．

説明変量 予測するために用いる値 (変量)．原因を表す値 (変量)．

データ番号	目的変量	説明変量		
	変量1	変量2	変量3	変量4
1	12.1[千台]	4.51[m]	280[万円]	155[kW]
2	27.5	4.32	145	100
3	20.2	4.65	255	125
⋮	⋮	⋮	⋮	⋮

ここでは，目的変量 y が，いくつかの説明変量 $x_1, x_2, \ldots, x_k$ を用いて

$$y = a_1 x_1 + a_2 x_2 + \cdots + a_k x_k + a_0$$

と $x_1, x_2, \ldots, x_k$ の1次の項と定数項だけで表すことができるかどうかについて考える．この方程式を重回帰式といい，$a_1, a_2, \ldots, a_k, a_0$ を偏回帰係数という．

それでは，前述の例 9.1 において，1 次式で表すことができたと仮定して，そのときの重回帰式

$$y = a_1 x_1 + a_2 x_2 + a_0$$

を求めてみよう．そのためには，いくつかのステップが必要となる．

9.3. 重回帰式

y が x_1, x_2 の1次の方程式

$y = a_1 x_1 + a_2 x_2 + a_0$

によって，一番上手く表現されている場合の方程式を求めたい．例 9.1 の $x_1 = 22, x_2 = 89$ に対する予測値 $Y = a_1 \times 22 + a_2 \times 89 + a_0$ と実測値（観測値）

---

[1] 目的変数，説明変数ともいいます．

$y = 89$ との差

$$89 - (a_1 \times 22 + a_2 \times 89 + a_0)$$

を考える．同様に他のデータに対しても，このような予測値と実測値との差を考えた場合，これらがすべて0であれば良いが，実際にはこのようになることは特別な場合を除いてありえない．しかし，これらが小さい方がよさそうである．そこで，これらの(実測値 − 予測値)^2 の総和を最小にするような a_1, a_2, a_0 の値を用いて，予測値と実測値の差を小さくすることを考えることにする．このような方法を最小2乗法という．つまり

$$\begin{aligned}最小化: \sum (実測値 - 予測値)^2 =& (89 - (a_1 \times 22 + a_2 \times 89 + a_0))^2 \\ &+ (92 - (a_1 \times 22 + a_2 \times 81 + a_0))^2 \\ &+ (64 - (a_1 \times 17 + a_2 \times 54 + a_0))^2 \\ &\cdots \\ &+ (39 - (a_1 \times 15 + a_2 \times 55 + a_0))^2 \end{aligned} \quad (9.1)$$

となるような係数 a_1, a_2, a_0 を求めればよいことになる．ここで求めた a_1, a_2, a_0 の各値が偏回帰係数であり，

$$y = a_1 x_1 + a_2 x_2 + a_0$$

が重回帰式である．更に，重要なこととして，求めた重回帰式がどの程度，役に立つのかについても議論する必要がある（もともと，平面的な傾向がないと，この重回帰式は意味をもたない）．

(9.1) の最小値を求めるために，偏微分するなどの直接計算による方法も不可能ではないが，スマートな方法ではない．統計学では，次の節以降で述べる，2変量の場合と同様の，幾つかの統計量から算出する方法を用いる．

9.4. 分散共分散行列・相関行列

これから，実際に例 9.1 のデータを用いて，重回帰式を求めてみたい．その前に，データより各変量間の関係を表す重要な指標となる分散共分散行列および相関行列を求める必要がある．

─── 総和・平均・2 乗和・標本平均 ───

データ番号	目的変量 変量 y	説明変量 変量 x_1	変量 x_2
1	y_1	x_{11}	x_{21}
2	y_2	x_{12}	x_{22}
$\vdots$	$\vdots$	$\vdots$	$\vdots$
N	y_N	x_{1N}	x_{2N}
総和	$\sum_{i=1}^{N} y_i$	$\sum_{i=1}^{N} x_{1i}$	$\sum_{i=1}^{N} x_{2i}$
平均	$\frac{1}{N}\sum_{i=1}^{N} y_i$	$\frac{1}{N}\sum_{i=1}^{N} x_{1i}$	$\frac{1}{N}\sum_{i=1}^{N} x_{2i}$
2 乗和	$\sum_{i=1}^{N} y_i^2$	$\sum_{i=1}^{N} x_{1i}^2$	$\sum_{i=1}^{N} x_{2i}^2$
標本分散	$\frac{1}{N}\sum_{i=1}^{N}(y_i-\overline{y})^2$	$\frac{1}{N}\sum_{i=1}^{N}(x_{1i}-\overline{x}_1)^2$	$\frac{1}{N}\sum_{i=1}^{N}(x_{2i}-\overline{x}_2)^2$

─── 分散共分散表・分散共分散行列 ───

y, x_1, x_2 の標本分散および各組み合わせによる共分散は以下の表で表される．

分散・共分散	y	x_1	x_2
y	s_y^2	s_{yx_1}	s_{yx_2}
x_1	$s_{x_1 y}$	$s_{x_1}^2$	$s_{x_1 x_2}$
x_2	$s_{x_2 y}$	$s_{x_2 x_1}$	$s_{x_2}^2$

この表の内側の実質的な値だけから生成される行列

$$\begin{pmatrix} s_y^2 & s_{yx_1} & s_{yx_2} \\ s_{x_1 y} & s_{x_1}^2 & s_{x_1 x_2} \\ s_{x_2 y} & s_{x_2 x_1} & s_{x_2}^2 \end{pmatrix}$$

を分散共分散行列という．

ここで，標本分散，共分散は次のように計算される．

$$s_y^2 = \frac{1}{N}\sum_{i=1}^{N}(y_i - \overline{y})^2 = \frac{1}{N}\sum_{i=1}^{N}y_i^2 - (\overline{y})^2$$

$$s_{x_1}^2 = \frac{1}{N}\sum_{i=1}^{N}(x_{1i} - \overline{x_1})^2 = \frac{1}{N}\sum_{i=1}^{N}x_{1i}^2 - (\overline{x_1})^2$$

$$s_{x_2}^2 = \frac{1}{N}\sum_{i=1}^{N}(x_{2i} - \overline{x_2})^2 = \frac{1}{N}\sum_{i=1}^{N}x_{2i}^2 - (\overline{x_2})^2$$

$$s_{yx_1} = \frac{1}{N}\sum_{i=1}^{N}(y_i - \overline{y})(x_{1i} - \overline{x_1})$$

$$s_{x_1 x_2} = \frac{1}{N}\sum_{i=1}^{N}(x_{1i} - \overline{x_1})(x_{2i} - \overline{x_2})$$

$$s_{x_2 y} = \frac{1}{N}\sum_{i=1}^{N}(x_{2i} - \overline{x_2})(y_i - \overline{y_1})$$

REMARK $s_{yx_1} = s_{x_1 y}$, $s_{x_1 x_2} = s_{x_2 x_1}$, $s_{x_2 y} = s_{yx_2}$ であるので分散共分散表において右上と左下の部分に対象に同じ数字が並ぶ（例 9.2 の分散共分散の表を参照）．□

--- 相関係数 ---

相関係数 y, x_1, x_2 の各組み合わせによる相関係数は以下の表で表される．

相関係数	y	x_1	x_2
y	1	$r_{yx_1} = \frac{s_{yx_1}}{s_y s_{x_1}}$	$r_{yx_2} = \frac{s_{yx_2}}{s_y s_{x_2}}$
x_1	$r_{x_1 y} = \frac{s_{x_1 y}}{s_{x_1} s_y}$	1	$r_{x_1 x_2} = \frac{s_{x_1 x_2}}{s_{x_1} s_{x_2}}$
x_2	$r_{x_2 y} = \frac{s_{x_2 y}}{s_{x_2} s_y}$	$r_{x_2 x_1} = \frac{s_{x_2 x_1}}{s_{x_2} s_{x_1}}$	1

REMARK $r_{yx_1} = r_{x_1 y}$, $r_{x_1 x_2} = r_{x_2 x_1}$, $r_{x_2 y} = r_{yx_2}$ であるので相関係数表において右上と左下の部分に対象に同じ数字が並ぶ（例 9.3 の相関係数表を参照）．□

REMARK 分散共分散行列，相関行列において，不偏分散 $u_y^2, u_{x_1}^2, u_{x_2}^2$ および分母を $n-1$ とした共分散 $s_{yx_1}, s_{x_1x_2}, s_{x_2y}$ を用いることも多い．

$$u_y^2 = \frac{1}{N-1}\sum_{i=1}^{N}(y_i - \overline{y})^2 = \frac{N}{N-1}\Big\{\frac{1}{N}\sum_{i=1}^{N}y_i^2 - (\overline{y})^2\Big\}$$

$$u_{x_1}^2 = \frac{1}{N-1}\sum_{i=1}^{N}(x_{1i} - \overline{x_1})^2 = \frac{N}{N-1}\Big\{\frac{1}{N}\sum_{i=1}^{N}x_{1i}^2 - (\overline{x}_1)^2\Big\}$$

$$u_{x_2}^2 = \frac{1}{N-1}\sum_{i=1}^{N}(x_{2i} - \overline{x_2})^2 = \frac{N}{N-1}\Big\{\frac{1}{N}\sum_{i=1}^{N}x_{2i}^2 - (\overline{x}_2)^2\Big\}$$

$$s_{yx_1} = \frac{1}{N-1}\sum_{i=1}^{N}(y_i - \overline{y})(x_{1i} - \overline{x}_1)$$

$$s_{x_1x_2} = \frac{1}{N-1}\sum_{i=1}^{N}(x_{1i} - \overline{x_1})(x_{2i} - \overline{x}_2)$$

$$s_{x_2y} = \frac{1}{N-1}\sum_{i=1}^{N}(x_{2i} - \overline{x_2})(y_i - \overline{y}_1)$$

□

例 **9.2** (分散共分散行列)　例 9.1 のデータより分散共分散行列を求める．

(1) 最初に，基本的な統計量を計算しておく．

	目的変量	説明変量	
データ番号	科目 B の得点 (y)	科目 B の出席 (x_1)	科目 A の得点 (x_2)
1	89	22	89
2	92	22	81
3	64	17	54
4	70	21	49
5	53	19	40
6	72	21	85
7	77	21	90
8	85	22	69
9	72	18	55
10	51	16	70
11	80	21	68
12	46	13	73
13	68	20	75
14	68	15	53
15	52	21	68
16	48	20	30
17	49	17	67
18	79	21	71
19	75	19	68
20	61	18	53
21	93	22	95
22	88	22	62
23	56	17	41
24	77	20	74
25	39	15	55
総和	1704	480	1635
平均	68.16	19.2	65.4
2 乗和	122052	9378	113335
標本分散	236.2944	6.48	256.24

(2) 積和を計算して，平方和・積和の表を作成する．

データより，実際に計算すると

$$\text{(積和)} \quad \sum_{i=1}^{25} y_i x_{1i} = 89 \cdot 22 + 92 \cdot 22 + \cdots + 39 \cdot 15 = 33442$$

$$\sum_{i=1}^{25} x_{1i} x_{2i} = 22 \cdot 89 + 22 \cdot 81 + \cdots + 15 \cdot 55 = 31782$$

$$\sum_{i=1}^{25} y_i x_{2i} = 89 \cdot 89 + 92 \cdot 81 + \cdots + 39 \cdot 55 = 114957$$

となるので，以下の表が得られる．

平方和・積和	y	x_1	x_2
y	122052		
x_1	33442	9378	
x_2	114957	31782	113335

(3) 分散共分散の表を作成する．

(共分散)
$$s_{yx_1} = \frac{33442}{25} - 68.16 \cdot 19.2 = 29.008$$
$$s_{x_1 x_2} = \frac{31782}{25} - 19.2 \cdot 65.4 = 15.6$$
$$s_{yx_1} = \frac{114957}{25} - 65.4 \cdot 68.16 = 140.616$$

となるので，次のように分散・共分散の表が作成される．

分散共分散	y	x_1	x_2
y	236.2944	29.008	140.616
x_1	29.008	6.48	15.6
x_2	140.616	15.6	256.24

この表において，右上のエリアと左下のエリアとで対象に同じ数字が並んでいるので，平方和・積和の表のように一方を省略することも多い．また，分散共分散行列は次のようになる．

$$\begin{pmatrix} 236.2944 & 29.008 & 140.616 \\ 29.008 & 6.48 & 15.6 \\ 140.616 & 15.6 & 256.24 \end{pmatrix}$$

□

例 9.3 (相関行列) 例 9.1 のデータより各相関係数を求める.

(相関係数)
$$r_{yx_1} = \frac{s_{yx_1}}{s_y s_{x_1}} = \frac{29.008}{\sqrt{236.2944}\sqrt{6.48}} = 0.7413$$
$$r_{x_1 x_2} = \frac{s_{x_1 x_2}}{s_{x_1} s_{x_2}} = \frac{15.6}{\sqrt{6.48}\sqrt{256.24}} = 0.3828$$
$$r_{x_2 y} = \frac{s_{x_2 y}}{s_{x_2} s_y} = \frac{140.616}{\sqrt{256.24}\sqrt{236.2944}} = 0.5715$$

となるので,次のように相関係数を表にまとめると次のようになる.

相関係数	y	x_1	x_2
y	1	0.7413	0.5715
x_1	0.7413	1	0.3828
x_2	0.5715	0.3828	1

ここで,右上の値と左下の値が対象に並んでいるので,平方和・積和の表のように一方を省略することも多い.また,この表を行列で表現したものを相関行列という. □

9.5. 偏回帰係数

--- 偏回帰係数 ---

重回帰式 $y = a_1 x_1 + a_2 x_2 + a_0$ の偏回帰係数 a_1, a_2, a_0 は次の関係式を満たす [2].

$$\begin{pmatrix} s_{x_1 y} \\ s_{x_2 y} \end{pmatrix} = \begin{pmatrix} s_{x_1}^2 & s_{x_1 x_2} \\ s_{x_2 x_1} & s_{x_2}^2 \end{pmatrix} \begin{pmatrix} a_1 \\ a_2 \end{pmatrix}, \tag{9.2}$$
$$\overline{y} = a_1 \overline{x}_1 + a_2 \overline{x}_2 + a_0 \quad \left(\Rightarrow a_0 = \overline{y} - a_1 \overline{x}_1 - a_2 \overline{x}_2 \right)$$

---

[2] 式 (9.2) の各値は,分散共分散行列の成分の一部になっていることがわかる.

$$\begin{pmatrix} s_y^2 & s_{yx_1} & s_{yx_2} \\ \left[s_{x_1 y} \right] & \left[s_{x_1}^2 & s_{x_1 x_2} \right] \\ \left[s_{x_2 y} \right] & \left[s_{x_2 x_1} & s_{x_2}^2 \right] \end{pmatrix}$$

例 9.4 再び,実際の計算にもどる.例 9.2 で求めた分散共分散表より偏回帰係数 a_1, a_2 は次の関係式を満たす[3].

$$\begin{pmatrix} 29.008 \\ 140.616 \end{pmatrix} = \begin{pmatrix} 6.48 & 15.6 \\ 15.6 & 256.24 \end{pmatrix} \begin{pmatrix} a_1 \\ a_2 \end{pmatrix}$$

右辺の行列の行列式

$$|\text{分散共分散行列}(x_1, x_2)| = 6.48 \cdot 256.24 - 15.6 \cdot 15.6 = 1417.0752 \neq 0$$

を計算する.行列式が 0 でないので,逆行列が存在して

$$\begin{pmatrix} a_1 \\ a_2 \end{pmatrix} = \begin{pmatrix} 6.48 & 15.6 \\ 15.6 & 256.24 \end{pmatrix}^{-1} \begin{pmatrix} 29.008 \\ 140.616 \end{pmatrix}$$

$$= \frac{1}{1417.0752} \begin{pmatrix} 256.25 & -15.6 \\ -15.6 & 6.48 \end{pmatrix} \begin{pmatrix} 29.008 \\ 140.616 \end{pmatrix}$$

したがって

$$a_1 = \frac{256.24 \cdot 29.008 - 15.6 \cdot 140.616}{1417.0752} = 3.697$$

$$a_2 = \frac{-15.6 \cdot 29.008 + 6.48 \cdot 140.616}{1417.0752} = 0.324$$

また,これらの値と平均値 $\overline{y}_1 = 68.16$,$\overline{x}_1 = 19.2$,$\overline{x}_2 = 65.4$ より

$$a_0 = \overline{y} - a_1 \overline{x}_1 - a_2 \overline{x}_2$$
$$= 68.16 - 3.697 \cdot 19.2 - 0.324 \cdot 65.4 = -24.012$$

以上から,重回帰式は

$$y = 3.697 x_1 + 0.324 x_2 - 24.012 \tag{9.3}$$

となる. □

---

[3] ここでは,行列を用いて解いているが,要するに連立方程式

$$\begin{cases} 6.48 a_1 + 15.6 a_2 = 29.008 \\ 15.6 a_1 + 256.24 a_2 = 140.616 \end{cases}$$

を解けばよい.例えば第 1 式を a_1 について解いて,それを第 2 式に代入して解いてもよい.

9.6. 分散分析表

例 9.5 前節で求めた重回帰式 (9.3) がどのくらいデータにフィットしているのか，どのくらい，役に立つのかを検討する必要がある．そこで，前述の表に，予測値 Y，残差 $E = y - Y$, (予測値 − 予測値平均) $Y - \overline{Y}$ を加えた次のような表を作成する．

no.	y	x_1	x_2	予測値 Y	残差 $E = y - Y$	$Y - \overline{Y}$
					(観測値 − 予測値)	(予測値 − 予測値平均)
1	89	22	89	86.158	2.842	17.998
2	92	22	81	83.566	8.434	15.406
3	64	17	54	56.333	7.667	−11.827
4	70	21	49	69.501	0.499	1.341
5	53	19	40	59.191	−6.191	−8.969
6	72	21	85	81.165	−9.165	13.005
7	77	21	90	82.785	−5.785	14.625
8	85	22	69	79.678	5.322	11.518
9	72	18	55	60.354	11.646	−7.806
10	51	16	70	57.82	−6.82	−10.34
11	80	21	68	75.657	4.343	7.497
12	46	13	73	47.701	−1.701	−20.459
13	68	20	75	74.228	−6.228	6.068
14	68	15	53	48.615	19.385	−19.545
15	52	21	68	75.657	−23.657	7.497
16	48	20	30	59.648	−11.648	−8.512
17	49	17	67	60.545	−11.545	−7.615
18	79	21	71	76.629	2.371	8.469
19	75	19	68	68.263	6.737	0.103
20	61	18	53	59.706	1.294	−8.454
21	93	22	95	88.102	4.898	19.942
22	88	22	62	77.41	10.59	9.25
23	56	17	41	52.121	3.879	−16.039
24	77	20	74	73.904	3.096	5.744
25	39	15	55	49.263	−10.263	−18.897
総和	1704	480	1635	1704	0	0
平均	68.16	19.2	65.4	68.16	0	0
2乗和	122052	9378	113335	119965.6072	2088.219154	3820.967154
標本分散	236.2944	6.48	256.24	152.8386862		

ここで，予測値 Y は重回帰式 (9.3) に x_1, x_2 の値を代入したときの y の値である．例えば，データ 2 に対しては，$x_1 = 22$, $x_2 = 81$ であるから

$$Y = 3.697 \cdot 22 + 0.324 \cdot 81 - 24.012 = 83.566$$

$$E = 92 - 83.566 = 8.434$$

予測値 Y の平均値は $\overline{Y} = 68.16$ であるから

$$Y - \overline{Y} = 83.566 - 68.16 = 15.406$$

と計算する.

この表の値から以下の値を順番に算出する.

(1) 平方和

$$\text{回帰平方和} \quad S_R = (予測値\text{-}予測値平均) \text{の} 2 \text{乗和} = \sum (Y - \overline{Y})^2$$
$$\text{残差平方和} \quad S_E = (観測値\text{-}予測値) \text{の} 2 \text{乗和} = \sum (y - Y)^2$$
$$\text{偏差平方和} \quad S_T = n \times 標本分散 = \sum (y - \overline{y})^2$$

ここで $S_T = S_R + S_E$ が成り立つ.

(2) 自由度

$$\text{自由度}(回帰) = 説明変量の個数$$
$$\text{自由度}(残差) = (データ数) - (説明変量の個数) - 1$$

(3) 分散

$$\text{分散}(回帰) \quad V_R = \frac{S_R}{\text{自由度}(回帰)}$$
$$\text{分散}(残差) \quad V_E = \frac{S_E}{\text{自由度}(残差)}$$

(4) F 値 $\quad F = \dfrac{V_R}{V_E}$

実際の計算結果は以下の様になる.

回帰平方和 S_R	3820.967154
残差平方和 S_E	2088.219154
偏差平方和 S_T	$25 \times 236.2944 = 5907.36$
$S_R + S_E$	5909.186308
データ数	25
説明変量の個数	2
自由度 (回帰)	2
自由度 (残差)	$25 - 2 - 1 = 22$
分散 (回帰) $V_R = S_R/$自由度	$\frac{3820.967154}{2} = 1910.483577$
分散 (残差) $V_E = S_E/$自由度	$\frac{2088.219154}{22} = 94.91905245$
F 値 $F = V_R/V_E$	$\frac{1910.483577}{94.91905245} = 20.12750367$
$F_{2,22}(0.05)$	3.443356779
$F_{2,22}(0.01)$	5.719021913

F 値と $F_{2,22}(0.05)$, $F_{2,22}(0.01)$ を比べて

$$F = 20.12750367 > F_{2,22}(0.01) = 5.719021913$$

であるので，以上の計算結果により

帰無仮説　H_0: 重回帰式 (9.3) はデータの説明に役に立たない
対立仮説　H_1: 重回帰式 (9.3) はデータの説明に役に立つ

に対して，有意水準 1%で（5%の場合も）帰無仮説 H_0 は棄却できる（役に立つ）ということが示された．

また，これらの結果を表にまとめたものとして，以下の分散分析表がしばしば用いられる．

分散分析表　　　　　**: 1%有意, *: 5%有意

	自由度	平方和	分散	F 値	P 値	判定
回帰変動	2	3820.967154	1910.483577	20.12750367	0.0000107333	**
残差変動	22	2088.219154	94.91905245			
全体変動		5907.36				

REMARK P 値 0.0000107333 は統計ソフトウェアによって出力される値で，

$$F_{2,22}(0.0000107333) = 20.12750367$$

を意味する．つまり，F 分布 $F_{2,22}$ で 20 以上の値となる確率は 0.00001 程度である． □

REMARK 上の計算結果は統計ソフトウェアによって出力される値と，少しずつ違っているが，これは，電卓等を用いて計算できるように，計算結果をその都度，四捨五入等によって丸めたことによるものである． □

9.7. 重回帰分析の精度

分析の精度は次の幾つかの係数によっても測ることができる．

決定係数（寄与率）

$$(決定係数) = \frac{S_R}{S_T} \qquad \left(0 \leq (決定係数) \leq 1\right)$$

重相関係数

$$(重相関係数) = (観測値 \ y \ と予測値 \ Y \ の相関係数)$$
$$= \frac{共分散 \ (y, Y)}{\sqrt{標本分散 \ (y)}\sqrt{標本分散 \ (Y)}}$$

上の 2 つの係数の間には $(決定係数) = (重相関係数)^2$ の関係がある．

自由度調整済み決定係数 決定係数は説明変量が多くなるとその値が大きくなるという性質があるので，説明変量の個数の影響が少なくなるように調整したものとして自由度調整済み決定係数がある．

$$(自由度調整済み決定係数)$$
$$= 1 - \frac{(データ数) - 1}{(データ数) - (説明変量の個数) - 1}(1 - R^2)$$
$$(R^2: 決定係数)$$

これらの係数は 1 に近いほど精度が良いのであるが，上の理由により重相関係数よりも決定係数の方が小さくなる．

例 9.6 重回帰式 (9.3) の精度については，次のように計算される．

決定係数 S_R/S_T	$\frac{3820.967154}{5907.36} = 0.646814678$
積和 (y, Y)	119964.694
共分散 (y, Y)	$\frac{119964.694}{25} - 68.16 \times 68.16 = 152.80216$
重相関係数	$\frac{152.80216}{\sqrt{236.2944}\sqrt{152.8386862}} = 0.804055692$
(重相関係数)^2	0.646505556
自由度調整済み決定係数	$1 - \frac{25-1}{25-2-1}(1 - 0.646814678) = 0.614706921$

□

演習問題解答

問題 2.1 (1) 平均値，モード，メディアンを求めると次のようになる．
- 平均値 $\bar{x} = \frac{1}{20}(1\cdot 4 + 2\cdot 4 + 3\cdot 3 + 4\cdot 3 + 5\cdot 2 + 6\cdot 4) = 3.35$
- モード $x_{\text{mode}} = 1, 2, 6$
- メディアン $x_{\text{median}} = \frac{(10\text{番目の値}) + (11\text{番目の値})}{2} = \frac{3+3}{2} = 3$

(2) 分散，標準偏差を求めると次のようになる．
- 平均値 $\bar{x} = 3.35$ であるから

$$\text{分散 } s_x^2 = \frac{1}{20}(1^2\cdot 4 + 2^2\cdot 4 + 3^2\cdot 3 + 4^2\cdot 3 + 5^2\cdot 2 + 6^2\cdot 4) - 3.35^2$$
$$= \frac{289}{20} - 3.35^2 = 3.2275$$

- 標準偏差 $s_x = \sqrt{3.2275} \fallingdotseq$ 約 1.797

問題 2.2 (1) $\bar{x} = \dfrac{3 + 4 + \cdots + 10}{8} = \dfrac{52}{8} = 6.5$,

$\bar{y} = \dfrac{0.5 + 1.3 + \cdots + 13.8}{8} = \dfrac{56}{8} = 7$

(2) $s_x^2 = \dfrac{3^2 + 4^2 + \cdots + 10^2}{8} - 6.5^2 = \dfrac{380}{8} - 6.5^2 = 5.25$

$s_y^2 = \dfrac{0.5^2 + 1.3^2 + \cdots + 13.8^2}{8} - 7^2 = \dfrac{589.04}{8} - 7^2 = 24.63$

$s_{xy} = \dfrac{3\cdot 0.5 + 4\cdot 1.3 + \cdots + 10\cdot 13.8}{8} - 6.5\cdot 7 = \dfrac{453.5}{8} - 6.5\cdot 7 = 11.1875$

(3) 相関係数 $r = \dfrac{s_{xy}}{s_x s_y} = \dfrac{11.1875}{\sqrt{5.25}\sqrt{24.63}} =$ 約 0.9838

(4) $y - \bar{y} = \dfrac{s_{xy}}{s_x^2}(x - \bar{x})$ に上の数値を代入して

$$y - 7 = \frac{11.1875}{5.25}(x - 6.5)$$

変形すると

$$y = \frac{11.1875}{5.25}x - \frac{11.1875 \cdot 6.5}{5.25} + 7$$

となるから X に対する Y の回帰直線は $y = 2.13x - 6.85$ である．

問題 2.3

代表値	A 出席合計	A テスト得点	B 出席合計	B テスト得点
データ数	25	25	25	25
合計	328	1635	480	1704
平均値	13.12	65.4	19.2	68.16
標準偏差	1.1426	16.0075	2.5456	15.3719
分散	1.3056	256.24	6.48	236.2944
最小値	10	30	13	39
最大値	14	95	22	93
中央値	14	68	20	70

問題 3.1 (証明) $A^c \cap A = \varnothing$ であるから

$$P(A^c) + P(A) = P(A^c \cup A) = P(\Omega) = 1$$

したがって $P(A^c) = 1 - P(A)$ が成り立つ.

問題 3.2 (1)
$$\mathcal{F} = \left\{ \begin{array}{l} \varnothing, \{a_1\}, \{a_2\}, \{a_3\}, \{a_4\}, \{a_5\}, \{a_6\}, \\ \{a_1, a_2\}, \{a_1, a_3\}, \{a_1, a_4\}, \{a_1, a_5\}, \{a_1, a_6\}, \\ \{a_2, a_3\}, \{a_2, a_4\}, \{a_2, a_5\}, \{a_2, a_6\}, \{a_3, a_4\}, \\ \{a_3, a_5\}, \{a_3, a_6\}, \{a_4, a_5\}, \{a_4, a_6\}, \{a_5, a_6\}, \\ \{a_1, a_2, a_3\}, \{a_1, a_2, a_4\}, \{a_1, a_2, a_5\}, \{a_1, a_2, a_6\}, \{a_1, a_3, a_4\}, \\ \{a_1, a_3, a_5\}, \{a_1, a_3, a_6\}, \{a_1, a_4, a_5\}, \{a_1, a_4, a_6\}, \{a_1, a_5, a_6\}, \\ \{a_2, a_3, a_4\}, \{a_2, a_3, a_5\}, \{a_2, a_3, a_6\}, \{a_2, a_4, a_5\}, \{a_2, a_4, a_6\}, \\ \{a_2, a_5, a_6\}, \{a_3, a_4, a_5\}, \{a_3, a_4, a_6\}, \{a_3, a_5, a_6\}, \{a_4, a_5, a_6\}, \\ \{a_1, a_2, a_3, a_4\}, \{a_1, a_2, a_3, a_5\}, \{a_1, a_2, a_3, a_6\}, \{a_1, a_2, a_4, a_5\}, \\ \{a_1, a_2, a_4, a_6\}, \{a_1, a_2, a_5, a_6\}, \{a_1, a_3, a_4, a_5\}, \{a_1, a_3, a_4, a_6\}, \\ \{a_1, a_3, a_5, a_6\}, \{a_1, a_4, a_5, a_6\}, \{a_2, a_3, a_4, a_5\}, \{a_2, a_3, a_4, a_6\}, \\ \{a_2, a_3, a_5, a_6\}, \{a_2, a_4, a_5, a_6\}, \{a_3, a_4, a_5, a_6\}, \\ \{a_1, a_2, a_3, a_4, a_5\}, \{a_1, a_2, a_3, a_4, a_6\}, \{a_1, a_2, a_3, a_5, a_6\}, \\ \{a_1, a_2, a_4, a_5, a_6\}, \{a_1, a_3, a_4, a_5, a_6\}, \{a_2, a_3, a_4, a_5, a_6\}, \Omega \end{array} \right\}$$

(2) $P(\Omega) = 1$

$P(\{a_1\}) = P(\{a_2\}) = P(\{a_3\}) = P(\{a_4\}) = P(\{a_5\}) = P(\{a_6\}) = \dfrac{1}{6}$

$P(\varnothing) = 0$

(3)
$$\begin{aligned} P(\{a_2, a_4, a_6\}) &= P(\{a_2\} \cup \{a_4\} \cup \{a_6\}) \\ &= P(\{a_2\}) + P(\{a_4\}) + P(\{a_6\}) \\ &= \frac{1}{6} + \frac{1}{6} + \frac{1}{6} \\ &= \frac{1}{2} \end{aligned}$$

問題 3.3 (1)

X のとる値	10	20	30	40	50	60	合計
事象	$\{a_1\}$	$\{a_2\}$	$\{a_3\}$	$\{a_4\}$	$\{a_5\}$	$\{a_6\}$	$\Omega = \{a_1, a_2, a_3, a_4, a_5, a_6\}$
確率	$\frac{1}{6}$	$\frac{1}{6}$	$\frac{1}{6}$	$\frac{1}{6}$	$\frac{1}{6}$	$\frac{1}{6}$	1

であるから

$$\{\omega \in \Omega \mid X(\omega) \leq x\} = \begin{cases} \varnothing & (x < 10 \text{ のとき}) \\ \{a_1\} & (10 \leq x < 20 \text{ のとき}) \\ \{a_1, a_2\} & (20 \leq x < 30 \text{ のとき}) \\ \{a_1, a_2, a_3\} & (30 \leq x < 40 \text{ のとき}) \\ \{a_1, a_2, a_3, a_4\} & (40 \leq x < 50 \text{ のとき}) \\ \{a_1, a_2, a_3, a_4, a_5\} & (50 \leq x < 60 \text{ のとき}) \\ \{a_1, a_2, a_3, a_4, a_5, a_6\} & (x \geq 60 \text{ のとき}) \end{cases}.$$

よって，任意の $x \in \mathbb{R}$ に対して $\{\omega \in \Omega \mid X(\omega) \leq x\} \in \mathcal{F}$ となるから，集合 $\{\omega \in \Omega \mid X(\omega) \leq x\}$ は事象である．したがって，X は確率変数である．

(2)
$$F(x) = \begin{cases} 0 & (x < 10 \text{ のとき}) \\ \frac{1}{6} & (10 \leq x < 20 \text{ のとき}) \\ \frac{2}{6} & (20 \leq x < 30 \text{ のとき}) \\ \frac{3}{6} & (30 \leq x < 40 \text{ のとき}) \\ \frac{4}{6} & (40 \leq x < 50 \text{ のとき}) \\ \frac{5}{6} & (50 \leq x < 60 \text{ のとき}) \\ \frac{6}{6} & (x \geq 60 \text{ のとき}) \end{cases}.$$

問題 4.1 (証明) 二項定理から

$$\sum_{k=0}^{n} P(X = k) = \sum_{k=0}^{n} {}_n\mathbf{C}_k\, p^k (1-p)^{n-k} = \{p + (1-p)\}^n = 1^n = 1$$

問題 4.2 (1) $Z = \dfrac{X-3}{4}$ と置くと、Z は $N(0,1)$ に従うから，標準正規分布表から

$$\begin{aligned} P(-1 \leq X \leq 11) &= P(-4 \leq X - 3 \leq 8) \\ &= P\left(-1 \leq \frac{X-3}{4} \leq 2\right) \\ &= P(-1 \leq Z \leq 2\} \\ &= P(0 \leq Z \leq 1) + P(0 \leq Z \leq 2) \\ &= 0.34134 + 0.47725 \\ &= 0.81859 \end{aligned}$$

(2) $Z = \dfrac{X-3}{4}$ と置くと、Z は $N(0,1)$ に従うから，標準正規分布表から

$$\begin{aligned}
P(X \leq -7) &= P(X - 3 \leq -10) \\
&= P\Big(\dfrac{X-3}{4} \leq -2.5\Big) \\
&= P(Z \leq -2.5\} \\
&= P(Z \geq 2.5\} \\
&= 0.5 - P(0 \leq Z \leq 2.5) \\
&= 0.5 - 0.49379 \\
&= 0.00621
\end{aligned}$$

(3) $0.75804 > \frac{1}{2}$ であることから，$Z = \dfrac{X-3}{4}$ と置くと，Z は $N(0,1)$ に従うから，標準正規分布表から

$$0.75804 = P(X \leq a) = P\Big(Z \leq \dfrac{a-3}{4}\Big) = \dfrac{1}{2} + P\Big(0 \leq Z \leq \dfrac{a-3}{4}\Big)$$

が成り立ち $P\Big(0 \leq Z \leq \dfrac{a-3}{4}\Big) = 0.25804$ を得る。標準正規分布表から $\dfrac{a-3}{4} = 0.7$ となることがわかるので $a = 5.8$ が得られる．

問題 5.1 (1) y の積分区間に注意すると

$$\begin{aligned}
P(1 < X \leq 2) &= \int_{-\infty}^{\infty}\Big\{\int_1^2 f(x,y)dx\Big\}dy \\
&= \int_0^{\infty}\Big\{\int_1^2 e^{-(x+y)}dx\Big\}dy \\
&= \int_0^{\infty}\Big[-e^{-(x+y)}\Big]_{x=1}^{x=2}dy \\
&= \int_0^{\infty}\Big(-e^{-(2+y)} + e^{-(1+y)}\Big)dy \\
&= \Big[e^{-(2+y)} - e^{-(1+y)}\Big]_0^{\infty} \\
&= (0-0) - \big(e^{-2} - e^{-1}\big) = e^{-1} - e^{-2}
\end{aligned}$$

が得られる．

(2) 部分積分を用いて，次のように計算することができる．

$$\begin{aligned}
E(X) &= \int_{-\infty}^{\infty}\Big\{\int_{\infty}^{\infty} xf(x,y)dx\Big\}dy \\
&= \int_0^{\infty}\Big\{\int_0^{\infty} xe^{-(x+y)}dx\Big\}dy
\end{aligned}$$

$$
\begin{aligned}
&= \int_0^\infty e^{-y}\left\{\int_0^\infty x\frac{d}{dx}(-e^{-x})dx\right\}dy \\
&= \int_0^\infty e^{-y}\left\{\left[x\cdot(-e^{-x})\right]_0^\infty - \int_0^\infty 1\cdot(-e^{-x})dx\right\}dy \\
&= \int_0^\infty e^{-y}\left\{0-0-\left[e^{-x}\right]_0^\infty\right\}dy \\
&= \int_0^\infty e^{-y}\cdot 1\,dy \\
&= \left[-e^{-y}\right]_0^\infty = 0-(-1) = 1
\end{aligned}
$$

(3) 確率密度関数 $f(x,y)$ における x,y の対称性より,$E(Y)=E(X)=1$ となる.

(4) $E(X)=1$ から

$$
\begin{aligned}
V(X) &= \int_{-\infty}^\infty\left\{\int_\infty^\infty (x-E(X))^2 f(x,y)dx\right\}dy \\
&= \int_0^\infty\left\{\int_0^\infty (x-1)^2 e^{-(x+y)}dx\right\}dy \\
&= \int_0^\infty e^{-y}\left\{\int_0^\infty (x-1)^2 \frac{d}{dx}(-e^{-x})dx\right\}dy \\
&= \int_0^\infty e^{-y}\left\{\left[(x-1)^2\cdot(-e^{-x})\right]_0^\infty - \int_0^\infty 2(x-1)\cdot(-e^{-x})dx\right\}dy \\
&= \int_0^\infty e^{-y}\left\{0-(-1)-\int_0^\infty 2(x-1)\frac{d}{dx}(e^{-x})dx\right\}dy \\
&= \int_0^\infty e^{-y}\left\{1-\left[2(x-1)e^{-x}\right]_0^\infty + \int_0^\infty 2e^{-x}dx\right\}dy \\
&= \int_0^\infty e^{-y}\left\{1-(0-(-2)) + \left[-2e^{-x}\right]_0^\infty\right\}dy \\
&= \int_0^\infty e^{-y}\left\{-1+(0+2)\right\}dy \\
&= \int_0^\infty e^{-y}\cdot 1\,dy \\
&= \left[-e^{-y}\right]_0^\infty = 0-(-1) = 1
\end{aligned}
$$

(5) 確率密度関数 $f(x,y)$ における x,y の対称性より,$V(Y)=V(X)=1$.また,公式を用いて計算すると次のようになる.

$$
\begin{aligned}
V(Y) &= E(Y^2) - (E(Y))^2 \\
&= \int_{-\infty}^\infty\left\{\int_\infty^\infty y^2 f(x,y)dx\right\}dy - 1^2
\end{aligned}
$$

$$
\begin{aligned}
&= \int_0^\infty \left\{ \int_0^\infty y^2 e^{-(x+y)} dx \right\} dy - 1 \\
&= \int_0^\infty y^2 e^{-y} dy \cdot \int_0^\infty e^{-x} dx - 1 \\
&= \int_0^\infty y^2 \frac{d}{dy}(-e^{-y}) dy \cdot \left[-e^{-x} \right]_0^\infty - 1 \\
&= \left\{ \left[y^2 \cdot (-e^{-y}) \right]_0^\infty - \int_0^\infty 2y \cdot (-e^{-y}) dy \right\} (0+1) - 1 \\
&= 0 - 0 - \int_0^\infty 2y \frac{d}{dy}(e^{-y}) dy - 1 \\
&= -\left[2y e^{-y} \right]_0^\infty + \int_0^\infty 2e^{-y} dy - 1 \\
&= -(0-0) + \left[-2e^{-y} \right]_0^\infty - 1 = 0 - (-2) - 1 = 1
\end{aligned}
$$

(6) 期待値の定義に従い,次のように計算することができる.

$$
\begin{aligned}
E(X+Y) &= \int_{-\infty}^\infty \left\{ \int_\infty^\infty (x+y) f(x,y) dx \right\} dy \\
&= \int_0^\infty \left\{ \int_0^\infty (x+y) e^{-(x+y)} dx \right\} dy \\
&= \int_0^\infty \left\{ \int_0^\infty (x+y) \frac{d}{dx}(-e^{-(x+y)}) dx \right\} dy \\
&= \int_0^\infty \left\{ \left[(x+y) \cdot (-e^{-(x+y)}) \right]_{x=0}^{x=\infty} \right. \\
&\quad \left. - \int_0^\infty 1 \cdot (-e^{-(x+y)}) dx \right\} dy \\
&= \int_0^\infty \left\{ 0 + y e^{-y} - \left[e^{-(x+y)} \right]_{x=0}^{x=\infty} \right\} dy \\
&= \int_0^\infty (y e^{-y} - (0 - e^{-y})) dy \\
&= \int_0^\infty (y+1) \frac{d}{dy}(-e^{-y}) dy \\
&= \left[(y+1) \cdot (-e^{-y}) \right]_0^\infty - \int_0^\infty 1 \cdot (-e^{-y}) dy \\
&= 0 - (-1) - \left[e^{-y} \right]_0^\infty = 1 - (0-1) = 2
\end{aligned}
$$

(7) 同様にして

$$
E(XY) = \int_{-\infty}^\infty \left\{ \int_\infty^\infty xy f(x,y) dx \right\} dy
$$

$$
\begin{aligned}
&= \int_0^\infty \left\{ \int_0^\infty xye^{-(x+y)}dx \right\} dy \\
&= \int_0^\infty xe^{-x}dx \cdot \int_0^\infty ye^{-y}dy \\
&= \left(\int_0^\infty xe^{-x}dx \right)^2 \\
&= \left(\int_0^\infty x\frac{d}{dx}(-e^{-x})dx \right)^2 \\
&= \left(\left[x\cdot(-e^{-x}) \right]_0^\infty - \int_0^\infty 1\cdot(-e^{-x})dx \right)^2 \\
&= \left(0 - 0 - \left[e^{-x} \right]_0^\infty \right)^2 = (-0+1)^2 = 1
\end{aligned}
$$

(8) $\operatorname{cov}(X,Y) = E(XY) - E(X)E(Y) = 1 - 1\cdot 1 = 0$ 　　　(X,Y は互いに独立.)

(9) $V(X+Y) = V(X) + V(Y) + 2\operatorname{cov}(X,Y) = 1 + 1 + 0 = 2$

(10) $\rho(X,Y) = \dfrac{\operatorname{cov}(X,Y)}{\sqrt{V(X)}\sqrt{V(Y)}} = \dfrac{0}{\sqrt{1}\sqrt{1}} = 0$

問題 7.1 標本平均 $\overline{X}$ の実現値

$$\overline{x} = \frac{5110 + 4970 + \cdots + 5070}{8} = 5142.5$$

標本分散 S^2 の実現値

$$s^2 = \frac{5110^2 + 4970^2 + \cdots + 5070^2}{8} - 5142.5^2 = 654593.75$$

t 分布表の値　　$t_{8-1}\left(\dfrac{0.05}{2}\right) = t_7(0.025) = 2.365$
従って，95% 信頼区間は

$$5142.5 - 2.365 \cdot \frac{\sqrt{654593.75}}{\sqrt{7}} \leq \mu \leq 5142.5 + 2.365 \cdot \frac{\sqrt{654593.75}}{\sqrt{7}}$$
$$5142.5 - 723.2 \leq \mu \leq 5142.5 + 723.2$$
$$4419.3 \leq \mu \leq 5865.7$$

問題 8.1 改定後のベンゼンの濃度の平均値を m $\mu\mathrm{g/m^3}$ とおき

帰無仮説　　$H_0:\ m = 31.5$
対立仮説　　$H_1:\ m < 31.5$

として左片側検定をする．
標本平均の実現値　　$\overline{x} = \dfrac{27.3 + 28.4 + \cdots + 27.5}{10} = 29.9$

標本分散の実現値　　$s^2 = \dfrac{27.3^2 + 28.4^2 + \cdots + 27.5^2}{10} - 29.9^2 = 2.856$

これらの値より
$$\dfrac{29.9 - 31.5}{\sqrt{\dfrac{2.856}{9}}} = -2.84029 < -t_9(0.05) = -1.833$$

従って，帰無仮説 H_0 は有意水準 5% で棄却される．改定後のベンゼンの濃度は下がったといえる．

問題 8.2

帰無仮説 H_0:　車を所有の有無と海外旅行経験の有無は無関係である
対立仮説 H_1:　車を所有の有無と海外旅行経験の有無は関係する

とする．期待度数は

	海外旅行: 有	海外旅行: 無	
車を所有している	$20 \cdot \dfrac{49}{73} = 13.42$	$53 \cdot \dfrac{49}{73} = 35.58$	49
車を所有していない	$20 \cdot \dfrac{24}{73} = 6.58$	$53 \cdot \dfrac{24}{73} = 17.42$	24
合計	20	53	73

であるので

$$\chi^2 = \dfrac{(14-13.42)^2}{13.42} + \dfrac{(35-35.58)^2}{35.58} + \dfrac{(6-6.58)^2}{6.58} + \dfrac{(18-17.42)^2}{17.42}$$
$$= 0.105 < \chi^2_{(2-1)(2-1)}(0.05) = 3.841$$

したがって，帰無仮説 H_0 は棄却できない．車を所有の有無と海外旅行経験の有無は関係するとはいえない．

問題 8.3 1 人暮らし (A)，親と同居 (B) に対する分散を，それぞれ σ_A^2, σ_B^2 とする．

　　帰無仮説 $H_0: \sigma_A^2 = \sigma_B^2$,　　対立仮説 $H_1: \sigma_A^2 \neq \sigma_B^2$

として，有意水準 5% で検定する．

	一人暮らし (A)	親と同居 (B)
	7	10
	5	5
	2	6
	3	6
	0	6
	5	
	3	
	4	
	0	
	8	
	2	
平均	3.545	6.6
標本分散	6.066	3.04

$$\frac{u_A^2}{u_B^2} = \frac{\frac{11 \cdot 6.066}{10}}{\frac{5 \cdot 3.04}{4}} = 1.756 < F_{10,4}(0.025) = 8.84$$

したがって，帰無仮説 H_0 は棄却できない．つまり，$\sigma_A^2 \neq \sigma_B^2$ とはいえない．等分散性 $(\sigma_A^2 = \sigma_B^2)$ が仮定できる．そこで，A，B の平均を，それぞれ μ_A, μ_B と置き

$$\text{帰無仮説} \quad H_0: \mu_A = \mu_B$$
$$\text{対立仮説} \quad H_1: \mu_A \neq \mu_B$$

として，有意水準 5% で検定する．

$$s^2 = \frac{n_A s_A^2 + n_A s_B^2}{n_A + n_B - 2} = \frac{11 \cdot 6.066 + 5 \cdot 3.04}{11 + 5 - 2} = 5.8518,$$

$$\left| \frac{\overline{a} - \overline{b}}{\sqrt{\frac{s^2}{n_A} + \frac{s^2}{n_B}}} \right| = \left| \frac{3.545 - 6.6}{\sqrt{\frac{5.8518}{11} + \frac{5.8518}{5}}} \right| = \frac{3.055}{\sqrt{1.7023}}$$

$$= 2.341 > t_{14}(0.025) = 2.145$$

したがって，帰無仮説 H_0 は棄却できる．つまり，$\mu_A \neq \mu_B$．アルバイトの収入の平均値に差があるといえる．

付表

標準正規分布 $N(0,1)$

標準正規分布 $N(0,1)$ に従う確率変数 $N_{0,1}$ に対して確率

$$P(0 < N_{0,1} \leq x) = \alpha$$

は以下のようになる. 例えば, 確率 $P(0 < N_{0,1} \leq 0.52)$ は 0.19847 (6 段目の左から 3 番目) である.

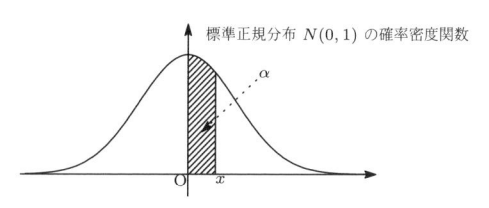

x	0.00	0.01	0.02	0.03	0.04	0.05	0.06	0.07	0.08	0.09
0.0	0.00000	0.00399	0.00798	0.01197	0.01595	0.01994	0.02392	0.02790	0.03188	0.03586
0.1	0.03983	0.04380	0.04776	0.05172	0.05567	0.05962	0.06356	0.06749	0.07142	0.07535
0.2	0.07926	0.08317	0.08706	0.09095	0.09483	0.09871	0.10257	0.10642	0.11026	0.11409
0.3	0.11791	0.12172	0.12552	0.12930	0.13307	0.13683	0.14058	0.14431	0.14803	0.15173
0.4	0.15542	0.15910	0.16276	0.16640	0.17003	0.17364	0.17724	0.18082	0.18439	0.18793
0.5	0.19146	0.19497	0.19847	0.20194	0.20540	0.20884	0.21226	0.21566	0.21904	0.22240
0.6	0.22575	0.22907	0.23237	0.23565	0.23891	0.24215	0.24537	0.24857	0.25175	0.25490
0.7	0.25804	0.26115	0.26424	0.26730	0.27035	0.27337	0.27637	0.27935	0.28230	0.28524
0.8	0.28814	0.29103	0.29389	0.29673	0.29955	0.30234	0.30511	0.30785	0.31057	0.31327
0.9	0.31594	0.31859	0.32121	0.32381	0.32639	0.32894	0.33147	0.33398	0.33646	0.33891
1.0	0.34134	0.34375	0.34614	0.34849	0.35083	0.35314	0.35543	0.35769	0.35993	0.36214
1.1	0.36433	0.36650	0.36864	0.37076	0.37286	0.37493	0.37698	0.37900	0.38100	0.38298
1.2	0.38493	0.38686	0.38877	0.39065	0.39251	0.39435	0.39617	0.39796	0.39973	0.40147
1.3	0.40320	0.40490	0.40658	0.40824	0.40988	0.41149	0.41309	0.41466	0.41621	0.41774
1.4	0.41924	0.42073	0.42220	0.42364	0.42507	0.42647	0.42785	0.42922	0.43056	0.43189
1.5	0.43319	0.43448	0.43574	0.43699	0.43822	0.43943	0.44062	0.44179	0.44295	0.44408
1.6	0.44520	0.44630	0.44738	0.44845	0.44950	0.45053	0.45154	0.45254	0.45352	0.45449
1.7	0.45543	0.45637	0.45728	0.45818	0.45907	0.45994	0.46080	0.46164	0.46246	0.46327
1.8	0.46407	0.46485	0.46562	0.46638	0.46712	0.46784	0.46856	0.46926	0.46995	0.47062
1.9	0.47128	0.47193	0.47257	0.47320	0.47381	0.47441	0.47500	0.47558	0.47615	0.47670
2.0	0.47725	0.47778	0.47831	0.47882	0.47932	0.47982	0.48030	0.48077	0.48124	0.48169
2.1	0.48214	0.48257	0.48300	0.48341	0.48382	0.48422	0.48461	0.48500	0.48537	0.48574
2.2	0.48610	0.48645	0.48679	0.48713	0.48745	0.48778	0.48809	0.48840	0.48870	0.48899
2.3	0.48928	0.48956	0.48983	0.49010	0.49036	0.49061	0.49086	0.49111	0.49134	0.49158
2.4	0.49180	0.49202	0.49224	0.49245	0.49266	0.49286	0.49305	0.49324	0.49343	0.49361
2.5	0.49379	0.49396	0.49413	0.49430	0.49446	0.49461	0.49477	0.49492	0.49506	0.49520
2.6	0.49534	0.49547	0.49560	0.49573	0.49585	0.49598	0.49609	0.49621	0.49632	0.49643
2.7	0.49653	0.49664	0.49674	0.49683	0.49693	0.49702	0.49711	0.49720	0.49728	0.49736
2.8	0.49744	0.49752	0.49760	0.49767	0.49774	0.49781	0.49788	0.49795	0.49801	0.49807
2.9	0.49813	0.49819	0.49825	0.49831	0.49836	0.49841	0.49846	0.49851	0.49856	0.49861
3.0	0.49865	0.49869	0.49874	0.49878	0.49882	0.49886	0.49889	0.49893	0.49896	0.49900
3.1	0.49903	0.49906	0.49910	0.49913	0.49916	0.49918	0.49921	0.49924	0.49926	0.49929
3.2	0.49931	0.49934	0.49936	0.49938	0.49940	0.49942	0.49944	0.49946	0.49948	0.49950
3.3	0.49952	0.49953	0.49955	0.49957	0.49958	0.49960	0.49961	0.49962	0.49964	0.49965
3.4	0.49966	0.49968	0.49969	0.49970	0.49971	0.49972	0.49973	0.49974	0.49975	0.49976
3.5	0.49977	0.49978	0.49978	0.49979	0.49980	0.49981	0.49981	0.49982	0.49983	0.49983

χ^2 分布

自由度 n のカイ 2 乗 (χ^2) 分布に従う確率変数 χ_n^2 に対して

$$P(\chi_n^2 > x) = \alpha$$

となるような x の値は以下のようになる。この値を $\chi_n^2(\alpha)$ と記すことにする。例えば、$\chi_6^2(0.05) = 12.592$ (6 段目の左から 8 番目) である。

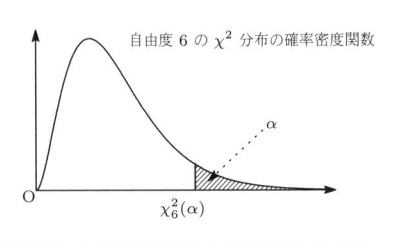

自由度 6 の χ^2 分布の確率密度関数

自由度 n \ 確率 α	0.995	0.990	0.975	0.950	0.900	0.500	0.100	0.050	0.025	0.010	0.005
1	0.00004	0.00016	0.00098	0.00393	0.01579	0.4549	2.7055	3.8415	5.0239	6.6349	7.8794
2	0.01003	0.02010	0.05064	0.1026	0.2107	1.3863	4.6052	5.9915	7.3778	9.2103	10.597
3	0.07172	0.1148	0.2158	0.3518	0.5844	2.3660	6.2514	7.8147	9.3484	11.345	12.838
4	0.2070	0.2971	0.4844	0.7107	1.0636	3.3567	7.7794	9.4877	11.143	13.277	14.860
5	0.4117	0.5543	0.8312	1.1455	1.6103	4.3515	9.2364	11.070	12.833	15.086	16.750
6	0.6757	0.8721	1.2373	1.6354	2.2041	5.3481	10.645	12.592	14.449	16.812	18.548
7	0.9893	1.2390	1.6899	2.1673	2.8331	6.3458	12.017	14.067	16.013	18.475	20.278
8	1.3444	1.6465	2.1797	2.7326	3.4895	7.3441	13.362	15.507	17.535	20.090	21.955
9	1.7349	2.0879	2.7004	3.3251	4.1682	8.3428	14.684	16.919	19.023	21.666	23.589
10	2.1559	2.5582	3.2470	3.9403	4.8652	9.3418	15.987	18.307	20.483	23.209	25.188
11	2.6032	3.0535	3.8157	4.5748	5.5778	10.341	17.275	19.675	21.920	24.725	26.757
12	3.0738	3.5706	4.4038	5.2260	6.3038	11.340	18.549	21.026	23.337	26.217	28.300
13	3.5650	4.1069	5.0088	5.8919	7.0415	12.340	19.812	22.362	24.736	27.688	29.819
14	4.0747	4.6604	5.6287	6.5706	7.7895	13.339	21.064	23.685	26.119	29.141	31.319
15	4.6009	5.2293	6.2621	7.2609	8.5468	14.339	22.307	24.996	27.488	30.578	32.801
16	5.1422	5.8122	6.9077	7.9616	9.3122	15.338	23.542	26.296	28.845	32.000	34.267
17	5.6972	6.4078	7.5642	8.6718	10.085	16.338	24.769	27.587	30.191	33.409	35.718
18	6.2648	7.0149	8.2307	9.3905	10.865	17.338	25.989	28.869	31.526	34.805	37.156
19	6.8440	7.6327	8.9065	10.117	11.651	18.338	27.204	30.144	32.852	36.191	38.582
20	7.4338	8.2604	9.5908	10.851	12.443	19.337	28.412	31.410	34.170	37.566	39.997
21	8.0337	8.8972	10.283	11.591	13.240	20.337	29.615	32.671	35.479	38.932	41.401
22	8.6427	9.5425	10.982	12.338	14.041	21.337	30.813	33.92	36.781	40.289	42.796
23	9.2604	10.196	11.689	13.091	14.848	22.337	32.007	35.172	38.076	41.638	44.181
24	9.8862	10.856	12.401	13.848	15.659	23.337	33.196	36.415	39.364	42.980	45.559
25	10.520	11.524	13.120	14.611	16.473	24.337	34.382	37.652	40.646	44.314	46.928
26	11.160	12.198	13.844	15.379	17.292	25.336	35.563	38.885	41.923	45.642	48.290
27	11.808	12.879	14.573	16.151	18.114	26.336	36.741	40.113	43.195	46.963	49.645
28	12.461	13.565	15.308	16.928	18.939	27.336	37.916	41.337	44.461	48.278	50.993
29	13.121	14.256	16.047	17.708	19.768	28.336	39.087	42.557	45.722	49.588	52.336
30	13.787	14.953	16.791	18.493	20.599	29.336	40.256	43.773	46.979	50.892	53.672
31	14.458	15.655	17.539	19.281	21.434	30.336	41.422	44.985	48.232	52.191	55.003
32	15.134	16.362	18.291	20.072	22.271	31.336	42.585	46.194	49.480	53.486	56.328
33	15.815	17.074	19.047	20.867	23.110	32.336	43.745	47.400	50.725	54.776	57.648
34	16.501	17.789	19.806	21.664	23.952	33.336	44.903	48.602	51.966	56.061	58.964
35	17.192	18.509	20.569	22.465	24.797	34.336	46.059	49.802	53.203	57.342	60.275
36	17.887	19.233	21.336	23.269	25.643	35.336	47.212	50.998	54.437	58.619	61.581
37	18.586	19.960	22.106	24.075	26.492	36.336	48.363	52.192	55.668	59.893	62.883
38	19.289	20.691	22.878	24.884	27.343	37.335	49.513	53.384	56.896	61.162	64.181
39	19.996	21.426	23.654	25.695	28.196	38.335	50.660	54.572	58.120	62.428	65.476
40	20.707	22.164	24.433	26.509	29.051	39.335	51.805	55.758	59.342	63.691	66.766
41	21.421	22.906	25.215	27.326	29.907	40.335	52.949	56.942	60.561	64.950	68.053
42	22.138	23.650	25.999	28.144	30.765	41.335	54.090	58.124	61.777	66.206	69.336
43	22.859	24.398	26.785	28.965	31.625	42.335	55.230	59.304	62.990	67.459	70.616
44	23.584	25.148	27.575	29.787	32.487	43.335	56.369	60.481	64.201	68.710	71.893
45	24.311	25.901	28.366	30.612	33.350	44.335	57.505	61.656	65.410	69.957	73.166
46	25.041	26.657	29.160	31.439	34.215	45.335	58.641	62.830	66.617	71.201	74.437
47	25.775	27.416	29.956	32.268	35.081	46.335	59.774	64.001	67.821	72.443	75.704
48	26.511	28.177	30.755	33.098	35.949	47.335	60.907	65.171	69.023	73.683	76.969
49	27.249	28.941	31.555	33.930	36.818	48.335	62.038	66.339	70.222	74.919	78.231
50	27.991	29.707	32.357	34.764	37.689	49.335	63.167	67.505	71.420	76.154	79.490
60	35.534	37.485	40.482	43.188	46.459	59.335	74.397	79.082	83.298	88.379	91.952
70	43.275	45.442	48.758	51.739	55.329	69.334	85.527	90.531	95.023	100.43	104.21
80	51.172	53.540	57.153	60.391	64.278	79.334	96.578	101.88	106.63	112.33	116.32
90	59.196	61.754	65.647	69.126	73.291	89.334	107.57	113.15	118.14	124.12	128.30
100	67.328	70.065	74.222	77.929	82.358	99.334	118.50	124.34	129.56	135.81	140.17

t 分布

自由度 n の t 分布に従う確率変数 t_n に対して

$$P(t_n > x) = \alpha$$

となるような x の値は以下のようになる. この値を $t_n(\alpha)$ と記すことにする. 例えば, $t_7(0.05) = 1.895$ (左側の表: 7段目の左から3番目) である.

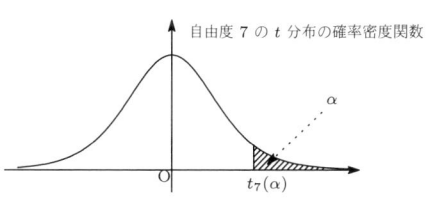

自由度 7 の t 分布の確率密度関数

自由度 n	確率 α					
	0.250	0.100	0.050	0.025	0.010	0.005
1	1.000	3.078	6.314	12.71	31.82	63.66
2	0.816	1.886	2.920	4.303	6.965	9.925
3	0.765	1.638	2.353	3.182	4.541	5.841
4	0.741	1.533	2.132	2.776	3.747	4.604
5	0.727	1.476	2.015	2.571	3.365	4.032
6	0.718	1.440	1.943	2.447	3.143	3.707
7	0.711	1.415	1.895	2.365	2.998	3.499
8	0.706	1.397	1.860	2.306	2.896	3.355
9	0.703	1.383	1.833	2.262	2.821	3.250
10	0.700	1.372	1.812	2.228	2.764	3.169
11	0.697	1.363	1.796	2.201	2.718	3.106
12	0.695	1.356	1.782	2.179	2.681	3.055
13	0.694	1.350	1.771	2.160	2.650	3.012
14	0.692	1.345	1.761	2.145	2.624	2.977
15	0.691	1.341	1.753	2.131	2.602	2.947
16	0.690	1.337	1.746	2.120	2.583	2.921
17	0.689	1.333	1.740	2.110	2.567	2.898
18	0.688	1.330	1.734	2.101	2.552	2.878
19	0.688	1.328	1.729	2.093	2.539	2.861
20	0.687	1.325	1.725	2.086	2.528	2.845
21	0.686	1.323	1.721	2.080	2.518	2.831
22	0.686	1.321	1.717	2.074	2.508	2.819
23	0.685	1.319	1.714	2.069	2.500	2.807
24	0.685	1.318	1.711	2.064	2.492	2.797
25	0.684	1.316	1.708	2.060	2.485	2.787
26	0.684	1.315	1.706	2.056	2.479	2.779
27	0.684	1.314	1.703	2.052	2.473	2.771
28	0.683	1.313	1.701	2.048	2.467	2.763
29	0.683	1.311	1.699	2.045	2.462	2.756
30	0.683	1.310	1.697	2.042	2.457	2.750
31	0.682	1.309	1.696	2.040	2.453	2.744
32	0.682	1.309	1.694	2.037	2.449	2.738
33	0.682	1.308	1.692	2.035	2.445	2.733
34	0.682	1.307	1.691	2.032	2.441	2.728
35	0.682	1.306	1.690	2.030	2.438	2.724
36	0.681	1.306	1.688	2.028	2.434	2.719
37	0.681	1.305	1.687	2.026	2.431	2.715
38	0.681	1.304	1.686	2.024	2.429	2.712
39	0.681	1.304	1.685	2.023	2.426	2.708
40	0.681	1.303	1.684	2.021	2.423	2.704
41	0.681	1.303	1.683	2.020	2.421	2.701
42	0.680	1.302	1.682	2.018	2.418	2.698
43	0.680	1.302	1.681	2.017	2.416	2.695
44	0.680	1.301	1.680	2.015	2.414	2.692
45	0.680	1.301	1.679	2.014	2.412	2.690
46	0.680	1.300	1.679	2.013	2.410	2.687
47	0.680	1.300	1.678	2.012	2.408	2.685
48	0.680	1.299	1.677	2.011	2.407	2.682
49	0.680	1.299	1.677	2.010	2.405	2.680
50	0.679	1.299	1.676	2.009	2.403	2.678
51	0.679	1.298	1.675	2.008	2.402	2.676
52	0.679	1.298	1.675	2.007	2.400	2.674
53	0.679	1.298	1.674	2.006	2.399	2.672
54	0.679	1.297	1.674	2.005	2.397	2.670
55	0.679	1.297	1.673	2.004	2.396	2.668
56	0.679	1.297	1.673	2.003	2.395	2.667
57	0.679	1.297	1.672	2.002	2.394	2.665
58	0.679	1.296	1.672	2.002	2.392	2.663
59	0.679	1.296	1.671	2.001	2.391	2.662
60	0.679	1.296	1.671	2.000	2.390	2.660
65	0.678	1.295	1.669	1.997	2.385	2.654
70	0.678	1.294	1.667	1.994	2.381	2.648
75	0.678	1.293	1.665	1.992	2.377	2.643
80	0.678	1.292	1.664	1.990	2.374	2.639
85	0.677	1.292	1.663	1.988	2.371	2.635
90	0.677	1.291	1.662	1.987	2.368	2.632
95	0.677	1.291	1.661	1.985	2.366	2.629
100	0.677	1.290	1.660	1.984	2.364	2.626
110	0.677	1.289	1.659	1.982	2.361	2.621
120	0.677	1.289	1.658	1.980	2.358	2.617
240	0.676	1.285	1.651	1.970	2.342	2.596
∞	0.674	1.282	1.645	1.960	2.326	2.576

自由度 (m, n) の F 分布 $(\alpha = 0.05)$

自由度 (m, n) の F 分布に従う確率変数 $F_{m,n}$ に対して

$$P(F_{m,n} > x) = \alpha$$

となるような x の値は以下のようになる.この値を $F_{m,n}(\alpha)$ と記すことにする.例えば,$F_{2,22}(0.05) = 3.44$ (22 段目の左から 2 番目)である.

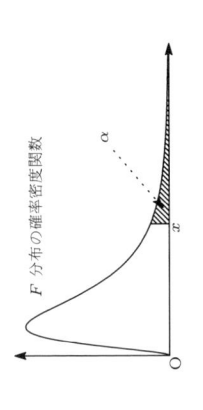

	1	2	3	4	5	6	7	8	9	10	11	12	13	14	15	16	18	20	22	24	26	28	30	40	60	120	∞
1	161.4	199.5	215.7	224.6	230.2	234.0	236.8	238.9	240.5	241.9	243.0	243.9	244.7	245.4	245.9	246.5	247.3	248.0	248.6	249.1	249.5	249.8	250.1	251.1	252.2	253.3	254.3
2	18.51	19.00	19.16	19.25	19.30	19.33	19.35	19.37	19.38	19.40	19.40	19.41	19.42	19.42	19.43	19.43	19.44	19.45	19.45	19.45	19.46	19.46	19.46	19.47	19.48	19.49	19.50
3	10.13	9.55	9.28	9.12	9.01	8.94	8.89	8.85	8.81	8.79	8.76	8.74	8.73	8.71	8.70	8.69	8.67	8.66	8.65	8.64	8.63	8.62	8.62	8.59	8.57	8.55	8.53
4	7.71	6.94	6.59	6.39	6.26	6.16	6.09	6.04	6.00	5.96	5.94	5.91	5.89	5.87	5.86	5.84	5.82	5.80	5.79	5.77	5.76	5.75	5.75	5.72	5.69	5.66	5.63
5	6.61	5.79	5.41	5.19	5.05	4.95	4.88	4.82	4.77	4.74	4.70	4.68	4.66	4.64	4.62	4.60	4.58	4.56	4.54	4.53	4.52	4.50	4.50	4.46	4.43	4.40	4.37
6	5.99	5.14	4.76	4.53	4.39	4.28	4.21	4.15	4.10	4.06	4.03	4.00	3.98	3.96	3.94	3.92	3.90	3.87	3.86	3.84	3.83	3.82	3.81	3.77	3.74	3.70	3.67
7	5.59	4.74	4.35	4.12	3.97	3.87	3.79	3.73	3.68	3.64	3.60	3.57	3.55	3.53	3.51	3.49	3.47	3.44	3.43	3.41	3.40	3.39	3.38	3.34	3.30	3.27	3.23
8	5.32	4.46	4.07	3.84	3.69	3.58	3.50	3.44	3.39	3.35	3.31	3.28	3.26	3.24	3.22	3.20	3.17	3.15	3.13	3.12	3.10	3.09	3.08	3.04	3.01	2.97	2.93
9	5.12	4.26	3.86	3.63	3.48	3.37	3.29	3.23	3.18	3.14	3.10	3.07	3.05	3.03	3.01	2.99	2.96	2.94	2.92	2.90	2.89	2.87	2.86	2.83	2.79	2.75	2.71
10	4.96	4.10	3.71	3.48	3.33	3.22	3.14	3.07	3.02	2.98	2.94	2.91	2.89	2.86	2.85	2.83	2.80	2.77	2.75	2.74	2.72	2.71	2.70	2.66	2.62	2.58	2.54
11	4.84	3.98	3.59	3.36	3.20	3.09	3.01	2.95	2.90	2.85	2.82	2.79	2.76	2.74	2.72	2.70	2.67	2.65	2.63	2.61	2.59	2.58	2.57	2.53	2.49	2.45	2.40
12	4.75	3.89	3.49	3.26	3.11	3.00	2.91	2.85	2.80	2.75	2.72	2.69	2.66	2.64	2.62	2.60	2.57	2.54	2.52	2.51	2.49	2.48	2.47	2.43	2.38	2.34	2.30
13	4.67	3.81	3.41	3.18	3.03	2.92	2.83	2.77	2.71	2.67	2.63	2.60	2.58	2.55	2.53	2.51	2.48	2.46	2.44	2.42	2.41	2.39	2.38	2.34	2.30	2.25	2.21
14	4.60	3.74	3.34	3.11	2.96	2.85	2.76	2.70	2.65	2.60	2.57	2.53	2.51	2.48	2.46	2.44	2.41	2.39	2.37	2.35	2.33	2.32	2.31	2.27	2.22	2.18	2.13
15	4.54	3.68	3.29	3.06	2.90	2.79	2.71	2.64	2.59	2.54	2.51	2.48	2.45	2.42	2.40	2.38	2.35	2.33	2.31	2.29	2.27	2.26	2.25	2.20	2.16	2.11	2.07
16	4.49	3.63	3.24	3.01	2.85	2.74	2.66	2.59	2.54	2.49	2.46	2.42	2.40	2.37	2.35	2.33	2.30	2.28	2.25	2.24	2.22	2.21	2.19	2.15	2.11	2.06	2.01
17	4.45	3.59	3.20	2.96	2.81	2.70	2.61	2.55	2.49	2.45	2.41	2.38	2.35	2.33	2.31	2.29	2.26	2.23	2.21	2.19	2.17	2.16	2.15	2.10	2.06	2.01	1.96
18	4.41	3.55	3.16	2.93	2.77	2.66	2.58	2.51	2.46	2.41	2.37	2.34	2.31	2.29	2.27	2.25	2.22	2.19	2.17	2.15	2.13	2.12	2.11	2.06	2.02	1.97	1.92
19	4.38	3.52	3.13	2.90	2.74	2.63	2.54	2.48	2.42	2.38	2.34	2.31	2.28	2.26	2.23	2.21	2.18	2.16	2.13	2.11	2.10	2.08	2.07	2.03	1.98	1.93	1.88
20	4.35	3.49	3.10	2.87	2.71	2.60	2.51	2.45	2.39	2.35	2.31	2.28	2.25	2.22	2.20	2.18	2.15	2.12	2.10	2.08	2.07	2.05	2.04	1.99	1.95	1.90	1.84
21	4.32	3.47	3.07	2.84	2.68	2.57	2.49	2.42	2.37	2.32	2.28	2.25	2.22	2.20	2.18	2.16	2.12	2.10	2.07	2.05	2.04	2.02	2.01	1.96	1.92	1.87	1.81
22	4.30	3.44	3.05	2.82	2.66	2.55	2.46	2.40	2.34	2.30	2.26	2.23	2.20	2.17	2.15	2.13	2.10	2.07	2.05	2.03	2.01	2.00	1.98	1.94	1.89	1.84	1.78
23	4.28	3.42	3.03	2.80	2.64	2.53	2.44	2.37	2.32	2.27	2.24	2.20	2.18	2.15	2.13	2.11	2.08	2.05	2.02	2.01	1.99	1.97	1.96	1.91	1.86	1.81	1.76
24	4.26	3.40	3.01	2.78	2.62	2.51	2.42	2.36	2.30	2.25	2.22	2.18	2.15	2.13	2.11	2.09	2.05	2.03	2.00	1.98	1.97	1.95	1.94	1.89	1.84	1.79	1.73
25	4.24	3.39	2.99	2.76	2.60	2.49	2.40	2.34	2.28	2.24	2.20	2.16	2.14	2.11	2.09	2.07	2.04	2.01	1.98	1.96	1.95	1.93	1.92	1.87	1.82	1.77	1.71
26	4.23	3.37	2.98	2.74	2.59	2.47	2.39	2.32	2.27	2.22	2.18	2.15	2.12	2.09	2.07	2.05	2.02	1.99	1.97	1.95	1.93	1.91	1.90	1.85	1.80	1.75	1.69
27	4.21	3.35	2.96	2.73	2.57	2.46	2.37	2.31	2.25	2.20	2.17	2.13	2.10	2.08	2.06	2.04	2.00	1.97	1.95	1.93	1.91	1.90	1.88	1.84	1.79	1.73	1.67
28	4.20	3.34	2.95	2.71	2.56	2.45	2.36	2.29	2.24	2.19	2.15	2.12	2.09	2.06	2.04	2.02	1.99	1.96	1.93	1.91	1.90	1.88	1.87	1.82	1.77	1.71	1.65
29	4.18	3.33	2.93	2.70	2.55	2.43	2.35	2.28	2.22	2.18	2.14	2.10	2.08	2.05	2.03	2.01	1.97	1.94	1.92	1.90	1.88	1.87	1.85	1.81	1.75	1.70	1.64
30	4.17	3.32	2.92	2.69	2.53	2.42	2.33	2.27	2.21	2.16	2.13	2.09	2.06	2.04	2.01	1.99	1.96	1.93	1.91	1.89	1.87	1.85	1.84	1.79	1.74	1.68	1.62
40	4.08	3.23	2.84	2.61	2.45	2.34	2.25	2.18	2.12	2.08	2.04	2.00	1.97	1.95	1.92	1.90	1.87	1.84	1.81	1.79	1.77	1.76	1.74	1.69	1.64	1.58	1.51
60	4.00	3.15	2.76	2.53	2.37	2.25	2.17	2.10	2.04	1.99	1.95	1.92	1.89	1.86	1.84	1.82	1.78	1.75	1.72	1.70	1.68	1.66	1.65	1.59	1.53	1.47	1.39
120	3.92	3.07	2.68	2.45	2.29	2.18	2.09	2.02	1.96	1.91	1.87	1.83	1.80	1.78	1.75	1.73	1.69	1.66	1.63	1.61	1.59	1.57	1.55	1.50	1.43	1.35	1.25
∞	3.84	3.00	2.60	2.37	2.21	2.10	2.01	1.94	1.88	1.83	1.79	1.75	1.72	1.69	1.67	1.64	1.60	1.57	1.54	1.52	1.50	1.48	1.46	1.39	1.32	1.22	1.00

自由度 (m,n) の F 分布 $(\alpha = 0.025)$

自由度 (m,n) の F 分布に従う確率変数 $F_{m,n}$ に対して

$$P(F_{m,n} > x) = \alpha$$

となるような x の値は以下のようになる。この値を $F_{m,n}(\alpha)$ と記すことにする。例えば、$F_{2,22}(0.025) = 4.38$ (22 段目の左から 2 番目) である。

$n \backslash m$	1	2	3	4	5	6	7	8	9	10	11	12	13	14	15	16	18	20	22	24	26	28	30	40	60	120	∞
1	647.8	799.5	864.2	899.6	921.8	937.1	948.2	956.7	963.3	968.6	973.0	976.7	979.8	982.5	984.9	986.9	990.3	993.1	995.4	997.2	998.8	1000	1001	1006	1010	1014	1018
2	38.5	39.0	39.2	39.2	39.3	39.3	39.4	39.4	39.4	39.4	39.4	39.4	39.4	39.4	39.4	39.4	39.4	39.4	39.4	39.5	39.5	39.5	39.5	39.5	39.5	39.5	39.5
3	17.4	16.0	15.4	15.1	14.9	14.7	14.6	14.5	14.5	14.4	14.4	14.3	14.3	14.3	14.3	14.2	14.2	14.2	14.1	14.1	14.1	14.1	14.1	14.0	14.0	13.9	13.9
4	12.2	10.6	9.98	9.60	9.36	9.20	9.07	8.98	8.90	8.84	8.79	8.75	8.71	8.68	8.66	8.63	8.59	8.56	8.53	8.51	8.48	8.48	8.46	8.41	8.36	8.31	8.26
5	10.0	8.43	7.76	7.39	7.15	6.98	6.85	6.76	6.68	6.62	6.57	6.52	6.49	6.46	6.43	6.40	6.36	6.33	6.30	6.28	6.26	6.24	6.23	6.18	6.12	6.07	6.02
6	8.81	7.26	6.60	6.23	5.99	5.82	5.70	5.60	5.52	5.46	5.41	5.37	5.33	5.30	5.27	5.24	5.20	5.17	5.14	5.12	5.10	5.08	5.07	5.01	4.96	4.90	4.85
7	8.07	6.54	5.89	5.52	5.29	5.12	4.99	4.90	4.82	4.76	4.71	4.67	4.63	4.60	4.57	4.54	4.50	4.47	4.44	4.41	4.39	4.38	4.36	4.31	4.25	4.20	4.14
8	7.57	6.06	5.42	5.05	4.82	4.65	4.53	4.43	4.36	4.30	4.24	4.20	4.16	4.13	4.10	4.08	4.03	4.00	3.97	3.95	3.93	3.91	3.89	3.84	3.78	3.73	3.67
9	7.21	5.71	5.08	4.72	4.48	4.32	4.20	4.10	4.03	3.96	3.91	3.87	3.83	3.80	3.77	3.74	3.70	3.67	3.64	3.61	3.59	3.58	3.56	3.51	3.45	3.39	3.33
10	6.94	5.46	4.83	4.47	4.24	4.07	3.95	3.85	3.78	3.72	3.66	3.62	3.58	3.55	3.52	3.50	3.45	3.42	3.39	3.37	3.34	3.33	3.31	3.26	3.20	3.14	3.08
11	6.72	5.26	4.63	4.28	4.04	3.88	3.76	3.66	3.59	3.53	3.47	3.43	3.39	3.36	3.33	3.30	3.26	3.23	3.20	3.17	3.15	3.13	3.12	3.06	3.00	2.94	2.88
12	6.55	5.10	4.47	4.12	3.89	3.73	3.61	3.51	3.44	3.37	3.32	3.28	3.25	3.21	3.18	3.15	3.11	3.07	3.04	3.02	3.00	2.98	2.96	2.91	2.85	2.79	2.72
13	6.41	4.97	4.35	4.00	3.77	3.60	3.48	3.39	3.31	3.25	3.20	3.15	3.12	3.08	3.05	3.03	2.98	2.95	2.92	2.89	2.87	2.85	2.84	2.78	2.72	2.66	2.60
14	6.30	4.86	4.24	3.89	3.66	3.50	3.38	3.29	3.21	3.15	3.09	3.05	3.01	2.98	2.95	2.92	2.88	2.84	2.81	2.79	2.75	2.75	2.73	2.67	2.61	2.55	2.49
15	6.20	4.77	4.15	3.80	3.58	3.41	3.29	3.20	3.12	3.06	3.01	2.96	2.92	2.89	2.86	2.84	2.79	2.76	2.73	2.70	2.68	2.66	2.64	2.59	2.52	2.46	2.40
16	6.12	4.69	4.08	3.73	3.50	3.34	3.22	3.12	3.05	2.99	2.93	2.89	2.85	2.82	2.79	2.76	2.72	2.68	2.65	2.63	2.60	2.58	2.57	2.51	2.45	2.38	2.32
17	6.04	4.62	4.01	3.66	3.44	3.28	3.16	3.06	2.98	2.92	2.87	2.82	2.79	2.75	2.72	2.70	2.65	2.62	2.59	2.56	2.54	2.52	2.50	2.44	2.38	2.32	2.25
18	5.98	4.56	3.95	3.61	3.38	3.22	3.10	3.01	2.93	2.87	2.81	2.77	2.73	2.70	2.67	2.64	2.60	2.56	2.53	2.50	2.48	2.46	2.44	2.38	2.32	2.26	2.19
19	5.92	4.51	3.90	3.56	3.33	3.17	3.05	2.96	2.88	2.82	2.76	2.72	2.68	2.65	2.62	2.59	2.55	2.51	2.48	2.45	2.43	2.41	2.39	2.33	2.27	2.20	2.13
20	5.87	4.46	3.86	3.51	3.29	3.13	3.01	2.91	2.84	2.77	2.72	2.68	2.64	2.60	2.57	2.55	2.50	2.46	2.43	2.41	2.39	2.37	2.35	2.29	2.22	2.16	2.09
21	5.83	4.42	3.82	3.48	3.25	3.09	2.97	2.87	2.80	2.73	2.68	2.64	2.60	2.56	2.53	2.51	2.46	2.42	2.39	2.37	2.34	2.33	2.31	2.25	2.18	2.11	2.04
22	5.79	4.38	3.78	3.44	3.22	3.05	2.93	2.84	2.76	2.70	2.65	2.60	2.56	2.53	2.50	2.47	2.43	2.39	2.36	2.33	2.31	2.29	2.27	2.21	2.14	2.08	2.00
23	5.75	4.35	3.75	3.41	3.18	3.02	2.90	2.81	2.73	2.67	2.62	2.57	2.53	2.50	2.47	2.44	2.39	2.36	2.33	2.30	2.28	2.26	2.24	2.18	2.11	2.04	1.97
24	5.72	4.32	3.72	3.38	3.15	2.99	2.87	2.78	2.70	2.64	2.59	2.54	2.50	2.47	2.44	2.41	2.36	2.33	2.30	2.27	2.25	2.23	2.21	2.15	2.08	2.01	1.94
25	5.69	4.29	3.69	3.35	3.13	2.97	2.85	2.75	2.68	2.61	2.56	2.51	2.48	2.44	2.41	2.38	2.34	2.30	2.27	2.24	2.22	2.20	2.18	2.12	2.05	1.98	1.91
26	5.66	4.27	3.67	3.33	3.10	2.94	2.82	2.73	2.65	2.59	2.54	2.49	2.45	2.42	2.39	2.36	2.31	2.28	2.24	2.22	2.19	2.17	2.16	2.09	2.03	1.95	1.88
27	5.63	4.24	3.65	3.31	3.08	2.92	2.80	2.71	2.63	2.57	2.51	2.47	2.43	2.39	2.36	2.34	2.29	2.25	2.22	2.19	2.17	2.15	2.13	2.07	2.00	1.93	1.85
28	5.61	4.22	3.63	3.29	3.06	2.90	2.78	2.69	2.61	2.55	2.49	2.45	2.41	2.37	2.34	2.32	2.27	2.23	2.20	2.17	2.15	2.13	2.11	2.05	1.98	1.91	1.83
29	5.59	4.20	3.61	3.27	3.04	2.88	2.76	2.67	2.59	2.53	2.48	2.43	2.39	2.36	2.32	2.30	2.25	2.21	2.18	2.15	2.13	2.11	2.09	2.03	1.96	1.89	1.81
30	5.57	4.18	3.59	3.25	3.03	2.87	2.75	2.65	2.57	2.51	2.46	2.41	2.37	2.34	2.31	2.28	2.23	2.20	2.16	2.14	2.11	2.09	2.07	2.01	1.94	1.87	1.79
40	5.42	4.05	3.46	3.13	2.90	2.74	2.62	2.53	2.45	2.39	2.33	2.29	2.25	2.21	2.18	2.15	2.11	2.07	2.03	2.01	1.98	1.96	1.94	1.88	1.80	1.72	1.64
60	5.29	3.93	3.34	3.01	2.79	2.63	2.51	2.41	2.33	2.27	2.22	2.17	2.13	2.09	2.06	2.03	1.98	1.94	1.91	1.88	1.86	1.83	1.82	1.74	1.67	1.58	1.48
120	5.15	3.80	3.23	2.89	2.67	2.52	2.39	2.30	2.22	2.16	2.10	2.05	2.01	1.98	1.94	1.92	1.87	1.82	1.79	1.76	1.73	1.71	1.69	1.61	1.53	1.43	1.31
∞	5.02	3.69	3.12	2.79	2.57	2.41	2.29	2.19	2.11	2.05	1.99	1.94	1.90	1.87	1.83	1.80	1.75	1.71	1.67	1.64	1.61	1.59	1.57	1.48	1.39	1.27	1.00

F 分布の確率密度関数

自由度 (m, n) の F 分布 ($\alpha = 0.01$)

自由度 (m, n) の F 分布に従う確率変数 $F_{m,n}$ に対して

$$P(F_{m,n} > x) = \alpha$$

となるような x の値は以下のようになる。この値を $F_{m,n}(\alpha)$ と記すことにする。例えば、$F_{2,22}(0.01) = 5.72$ (22 段目の左から 2 番目) である。

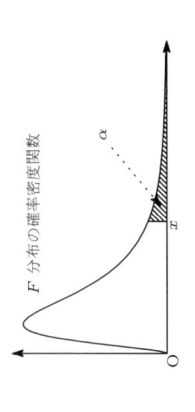

	1	2	3	4	5	6	7	8	9	10	11	12	13	14	15	16	18	20	22	24	26	28	30	40	60	120	∞
1	4052	4999	5403	5625	5764	5859	5928	5981	6022	6056	6083	6106	6126	6143	6157	6170	6192	6209	6223	6235	6245	6253	6261	6287	6313	6339	6366
2	98.5	99.0	99.2	99.2	99.3	99.3	99.4	99.4	99.4	99.4	99.4	99.4	99.4	99.4	99.4	99.4	99.4	99.4	99.5	99.5	99.5	99.5	99.5	99.5	99.5	99.5	99.5
3	34.1	30.8	29.5	28.7	28.2	27.9	27.7	27.5	27.3	27.2	27.1	27.1	27.0	26.9	26.9	26.8	26.8	26.7	26.6	26.6	26.6	26.5	26.5	26.4	26.3	26.2	26.1
4	21.2	18.0	16.7	16.0	15.5	15.2	15.0	14.8	14.7	14.5	14.4	14.4	14.3	14.2	14.2	14.2	14.1	14.0	14.0	13.9	13.9	13.9	13.8	13.7	13.7	13.6	13.5
5	16.3	13.3	12.1	11.4	11.0	10.7	10.5	10.3	10.2	10.1	9.96	9.89	9.82	9.77	9.72	9.68	9.61	9.55	9.51	9.47	9.43	9.40	9.38	9.29	9.20	9.11	9.02
6	13.7	10.9	9.78	9.15	8.75	8.47	8.26	8.10	7.98	7.87	7.79	7.72	7.66	7.60	7.56	7.52	7.45	7.40	7.35	7.31	7.28	7.25	7.23	7.14	7.06	6.97	6.88
7	12.2	9.55	8.45	7.85	7.46	7.19	6.99	6.84	6.72	6.62	6.54	6.47	6.41	6.36	6.31	6.28	6.21	6.16	6.11	6.07	6.04	6.02	5.99	5.91	5.82	5.74	5.65
8	11.3	8.65	7.59	7.01	6.63	6.37	6.18	6.03	5.91	5.81	5.73	5.67	5.61	5.56	5.52	5.48	5.41	5.36	5.32	5.28	5.25	5.22	5.20	5.12	5.03	4.95	4.86
9	10.6	8.02	6.99	6.42	6.06	5.80	5.61	5.47	5.35	5.26	5.18	5.11	5.05	5.01	4.96	4.92	4.86	4.81	4.77	4.73	4.70	4.67	4.65	4.57	4.48	4.40	4.31
10	10.0	7.56	6.55	5.99	5.64	5.39	5.20	5.06	4.94	4.85	4.77	4.71	4.65	4.60	4.56	4.52	4.46	4.41	4.36	4.33	4.30	4.27	4.25	4.17	4.08	4.00	3.91
11	9.65	7.21	6.22	5.67	5.32	5.07	4.89	4.74	4.63	4.54	4.46	4.40	4.34	4.29	4.25	4.21	4.15	4.10	4.06	4.02	3.99	3.96	3.94	3.86	3.78	3.69	3.60
12	9.33	6.93	5.95	5.41	5.06	4.82	4.64	4.50	4.39	4.30	4.22	4.16	4.10	4.05	4.01	3.97	3.91	3.86	3.82	3.78	3.75	3.72	3.70	3.62	3.54	3.45	3.36
13	9.07	6.70	5.74	5.21	4.86	4.62	4.44	4.30	4.19	4.10	4.02	3.96	3.91	3.86	3.82	3.78	3.72	3.66	3.62	3.59	3.56	3.53	3.51	3.43	3.34	3.25	3.17
14	8.86	6.51	5.56	5.04	4.69	4.46	4.28	4.14	4.03	3.94	3.86	3.80	3.75	3.70	3.66	3.62	3.56	3.51	3.46	3.43	3.40	3.37	3.35	3.27	3.18	3.09	3.00
15	8.68	6.36	5.42	4.89	4.56	4.32	4.14	4.00	3.89	3.80	3.73	3.67	3.61	3.56	3.52	3.49	3.42	3.37	3.33	3.29	3.26	3.24	3.21	3.13	3.05	2.96	2.87
16	8.53	6.23	5.29	4.77	4.44	4.20	4.03	3.89	3.78	3.69	3.62	3.55	3.50	3.45	3.41	3.37	3.31	3.26	3.22	3.18	3.15	3.12	3.10	3.02	2.93	2.84	2.75
17	8.40	6.11	5.18	4.67	4.34	4.10	3.93	3.79	3.68	3.59	3.52	3.46	3.40	3.35	3.31	3.27	3.21	3.16	3.12	3.08	3.05	3.03	3.00	2.92	2.83	2.75	2.65
18	8.29	6.01	5.09	4.58	4.25	4.01	3.84	3.71	3.60	3.51	3.43	3.37	3.32	3.27	3.23	3.19	3.13	3.08	3.03	3.00	2.97	2.94	2.92	2.84	2.75	2.66	2.57
19	8.18	5.93	5.01	4.50	4.17	3.94	3.77	3.63	3.52	3.43	3.36	3.30	3.24	3.19	3.15	3.12	3.05	3.00	2.96	2.92	2.89	2.87	2.84	2.76	2.67	2.58	2.49
20	8.10	5.85	4.94	4.43	4.10	3.87	3.70	3.56	3.46	3.37	3.29	3.23	3.18	3.13	3.09	3.05	2.99	2.94	2.90	2.86	2.83	2.80	2.78	2.69	2.61	2.52	2.42
21	8.02	5.78	4.87	4.37	4.04	3.81	3.64	3.51	3.40	3.31	3.24	3.17	3.12	3.07	3.03	2.99	2.93	2.88	2.84	2.80	2.77	2.74	2.72	2.64	2.55	2.46	2.36
22	7.95	5.72	4.82	4.31	3.99	3.76	3.59	3.45	3.35	3.26	3.18	3.12	3.07	3.02	2.98	2.94	2.88	2.83	2.78	2.75	2.72	2.69	2.67	2.58	2.50	2.40	2.31
23	7.88	5.66	4.76	4.26	3.94	3.71	3.54	3.41	3.30	3.21	3.14	3.07	3.02	2.97	2.93	2.89	2.83	2.78	2.74	2.70	2.67	2.64	2.62	2.54	2.45	2.35	2.26
24	7.82	5.61	4.72	4.22	3.90	3.67	3.50	3.36	3.26	3.17	3.09	3.03	2.98	2.93	2.89	2.85	2.79	2.74	2.70	2.66	2.63	2.60	2.58	2.49	2.40	2.31	2.21
25	7.77	5.57	4.68	4.18	3.85	3.63	3.46	3.32	3.22	3.13	3.06	2.99	2.94	2.89	2.85	2.81	2.75	2.70	2.66	2.62	2.59	2.56	2.54	2.45	2.36	2.27	2.17
26	7.72	5.53	4.64	4.14	3.82	3.59	3.42	3.29	3.18	3.09	3.02	2.96	2.90	2.86	2.81	2.78	2.72	2.66	2.62	2.58	2.55	2.53	2.50	2.42	2.33	2.23	2.13
27	7.68	5.49	4.60	4.11	3.78	3.56	3.39	3.26	3.15	3.06	2.99	2.93	2.87	2.82	2.78	2.75	2.68	2.63	2.59	2.55	2.52	2.49	2.47	2.38	2.29	2.20	2.10
28	7.64	5.45	4.57	4.07	3.75	3.53	3.36	3.23	3.12	3.03	2.96	2.90	2.84	2.79	2.75	2.72	2.65	2.60	2.56	2.52	2.49	2.46	2.44	2.35	2.26	2.17	2.06
29	7.60	5.42	4.54	4.04	3.73	3.50	3.33	3.20	3.09	3.00	2.93	2.87	2.81	2.77	2.73	2.69	2.63	2.57	2.53	2.49	2.46	2.44	2.41	2.33	2.23	2.14	2.03
30	7.56	5.39	4.51	4.02	3.70	3.47	3.30	3.17	3.07	2.98	2.91	2.84	2.79	2.74	2.70	2.66	2.60	2.55	2.51	2.47	2.44	2.41	2.39	2.30	2.21	2.11	2.01
40	7.31	5.18	4.31	3.83	3.51	3.29	3.12	2.99	2.89	2.80	2.73	2.66	2.61	2.56	2.52	2.48	2.42	2.37	2.33	2.29	2.26	2.23	2.20	2.11	2.02	1.92	1.80
60	7.08	4.98	4.13	3.65	3.34	3.12	2.95	2.82	2.72	2.63	2.56	2.50	2.44	2.39	2.35	2.31	2.25	2.20	2.15	2.12	2.08	2.05	2.03	1.94	1.84	1.73	1.60
120	6.85	4.79	3.95	3.48	3.17	2.96	2.79	2.66	2.56	2.47	2.40	2.34	2.28	2.23	2.19	2.15	2.09	2.03	1.99	1.95	1.92	1.89	1.86	1.76	1.66	1.53	1.38
∞	6.63	4.61	3.78	3.32	3.02	2.80	2.64	2.51	2.41	2.32	2.25	2.18	2.13	2.08	2.04	2.00	1.93	1.88	1.83	1.79	1.76	1.72	1.70	1.59	1.47	1.32	1.00

自由度 (m, n) の F 分布 ($\alpha = 0.005$)

自由度 (m, n) の F 分布に従う確率変数 $F_{m,n}$ に対して

$$P(F_{m,n} > x) = \alpha$$

となるような x の値は以下のようになる. この値を $F_{m,n}(\alpha)$ と記すことにする. 例えば,
$F_{2,22}(0.005) = 6.81$ (22 段目の左から 2 番目) である.

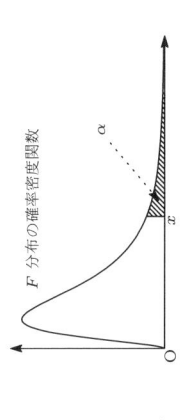

	1	2	3	4	5	6	7	8	9	10	11	12	13	14	15	16	18	20	22	24	26	30	40	60	120	∞
1	16211	19999	21615	22500	23056	23437	23715	23925	24091	24224	24334	24426	24505	24572	24630	24681	24767	24836	24892	24940	24980	25044	25148	25253	25359	25464
2	198.5	199.0	199.2	199.2	199.3	199.3	199.4	199.4	199.4	199.4	199.4	199.4	199.4	199.4	199.4	199.4	199.4	199.4	199.5	199.5	199.5	199.5	199.5	199.5	199.5	199.5
3	55.6	49.8	47.5	46.2	45.4	44.8	44.4	44.1	43.9	43.7	43.5	43.4	43.3	43.2	43.1	43.0	42.9	42.8	42.7	42.6	42.6	42.5	42.3	42.1	42.0	41.8
4	31.3	26.3	24.3	23.2	22.5	22.0	21.6	21.4	21.1	21.0	20.8	20.7	20.6	20.5	20.4	20.4	20.3	20.2	20.0	20.0	20.0	19.9	19.8	19.6	19.5	19.3
5	22.8	18.3	16.5	15.6	14.9	14.5	14.2	14.0	13.8	13.6	13.5	13.4	13.3	13.2	13.1	13.1	13.0	12.9	12.8	12.8	12.7	12.7	12.5	12.4	12.3	12.1
6	18.6	14.5	12.9	12.0	11.5	11.1	10.8	10.6	10.4	10.3	10.1	10.0	9.95	9.88	9.81	9.76	9.66	9.59	9.53	9.47	9.43	9.36	9.24	9.12	9.00	8.88
7	16.2	12.4	10.9	10.1	9.52	9.16	8.89	8.68	8.51	8.38	8.27	8.18	8.10	8.03	7.97	7.91	7.83	7.75	7.69	7.64	7.60	7.53	7.42	7.31	7.19	7.08
8	14.7	11.0	9.60	8.81	8.30	7.95	7.69	7.50	7.34	7.21	7.10	7.01	6.94	6.87	6.81	6.76	6.68	6.61	6.55	6.50	6.46	6.40	6.29	6.18	6.06	5.95
9	13.6	10.1	8.72	7.96	7.47	7.13	6.88	6.69	6.54	6.42	6.31	6.23	6.15	6.09	6.03	5.98	5.90	5.83	5.78	5.73	5.69	5.62	5.52	5.41	5.30	5.19
10	12.8	9.43	8.08	7.34	6.87	6.54	6.30	6.12	5.97	5.85	5.75	5.66	5.59	5.53	5.47	5.42	5.34	5.27	5.22	5.17	5.13	5.07	4.97	4.86	4.75	4.64
11	12.2	8.91	7.60	6.88	6.42	6.10	5.86	5.68	5.54	5.42	5.32	5.24	5.16	5.10	5.05	5.00	4.92	4.86	4.80	4.76	4.72	4.65	4.55	4.45	4.34	4.23
12	11.8	8.51	7.23	6.52	6.07	5.76	5.52	5.35	5.20	5.09	4.99	4.91	4.84	4.77	4.72	4.67	4.59	4.53	4.48	4.43	4.39	4.33	4.23	4.12	4.01	3.90
13	11.4	8.19	6.93	6.23	5.79	5.48	5.25	5.08	4.94	4.82	4.72	4.64	4.57	4.51	4.46	4.41	4.33	4.27	4.22	4.17	4.13	4.07	3.97	3.87	3.76	3.65
14	11.1	7.92	6.68	6.00	5.56	5.26	5.03	4.86	4.72	4.60	4.51	4.43	4.36	4.30	4.25	4.20	4.12	4.06	4.01	3.96	3.92	3.86	3.76	3.66	3.55	3.44
15	10.8	7.70	6.48	5.80	5.37	5.07	4.85	4.67	4.54	4.42	4.33	4.25	4.18	4.12	4.07	4.02	3.95	3.88	3.83	3.79	3.75	3.69	3.58	3.48	3.37	3.26
16	10.6	7.51	6.30	5.64	5.21	4.91	4.69	4.52	4.38	4.27	4.18	4.10	4.03	3.97	3.92	3.87	3.80	3.73	3.68	3.64	3.60	3.54	3.44	3.33	3.22	3.11
17	10.4	7.35	6.16	5.50	5.07	4.78	4.56	4.39	4.25	4.14	4.05	3.97	3.90	3.84	3.79	3.75	3.67	3.61	3.56	3.51	3.47	3.41	3.31	3.21	3.10	2.98
18	10.2	7.21	6.03	5.37	4.96	4.66	4.44	4.28	4.14	4.03	3.94	3.86	3.79	3.73	3.68	3.64	3.56	3.50	3.45	3.40	3.36	3.30	3.20	3.10	2.99	2.87
19	10.1	7.09	5.92	5.27	4.85	4.56	4.34	4.18	4.04	3.93	3.84	3.76	3.70	3.64	3.59	3.54	3.46	3.40	3.35	3.31	3.27	3.21	3.11	3.00	2.89	2.78
20	9.94	6.99	5.82	5.17	4.76	4.47	4.26	4.09	3.96	3.85	3.76	3.68	3.61	3.55	3.50	3.46	3.38	3.32	3.27	3.22	3.18	3.12	3.02	2.92	2.81	2.69
21	9.83	6.89	5.73	5.09	4.68	4.39	4.18	4.01	3.88	3.77	3.68	3.60	3.54	3.48	3.43	3.38	3.31	3.24	3.19	3.15	3.11	3.05	2.95	2.84	2.73	2.61
22	9.73	6.81	5.65	5.02	4.61	4.32	4.11	3.94	3.81	3.70	3.61	3.54	3.47	3.41	3.36	3.31	3.24	3.18	3.12	3.08	3.04	2.98	2.88	2.77	2.66	2.55
23	9.63	6.73	5.58	4.95	4.54	4.26	4.05	3.88	3.75	3.64	3.55	3.47	3.41	3.35	3.30	3.25	3.18	3.12	3.06	3.02	2.98	2.92	2.82	2.71	2.60	2.48
24	9.55	6.66	5.52	4.89	4.49	4.20	3.99	3.83	3.69	3.59	3.50	3.42	3.35	3.30	3.25	3.20	3.12	3.06	3.01	2.97	2.93	2.87	2.77	2.66	2.55	2.43
25	9.48	6.60	5.46	4.84	4.43	4.15	3.94	3.78	3.64	3.54	3.45	3.37	3.30	3.25	3.20	3.15	3.08	3.01	2.96	2.92	2.88	2.82	2.72	2.61	2.50	2.38
26	9.41	6.54	5.41	4.79	4.38	4.10	3.89	3.73	3.60	3.49	3.40	3.33	3.26	3.20	3.15	3.11	3.03	2.97	2.92	2.87	2.84	2.77	2.67	2.56	2.45	2.33
27	9.34	6.49	5.36	4.74	4.34	4.06	3.85	3.69	3.56	3.45	3.36	3.28	3.22	3.16	3.11	3.07	2.99	2.93	2.88	2.83	2.79	2.73	2.63	2.52	2.41	2.29
28	9.28	6.44	5.32	4.70	4.30	4.02	3.81	3.65	3.52	3.41	3.32	3.25	3.18	3.12	3.07	3.03	2.95	2.89	2.84	2.79	2.76	2.69	2.59	2.48	2.37	2.25
29	9.23	6.40	5.28	4.66	4.26	3.98	3.77	3.61	3.48	3.38	3.29	3.21	3.15	3.09	3.04	2.99	2.92	2.86	2.80	2.76	2.72	2.66	2.56	2.45	2.33	2.21
30	9.18	6.35	5.24	4.62	4.23	3.95	3.74	3.58	3.45	3.34	3.25	3.18	3.11	3.06	3.01	2.96	2.89	2.82	2.77	2.73	2.69	2.63	2.52	2.42	2.30	2.18
40	8.83	6.07	4.98	4.37	3.99	3.71	3.51	3.35	3.22	3.12	3.03	2.95	2.89	2.83	2.78	2.74	2.66	2.60	2.55	2.50	2.46	2.40	2.30	2.18	2.06	1.93
60	8.49	5.79	4.73	4.14	3.76	3.49	3.29	3.13	3.01	2.90	2.82	2.74	2.68	2.62	2.57	2.53	2.45	2.39	2.33	2.29	2.25	2.19	2.08	1.96	1.83	1.69
120	8.18	5.54	4.50	3.92	3.55	3.28	3.09	2.93	2.81	2.71	2.62	2.54	2.48	2.42	2.37	2.33	2.25	2.19	2.13	2.09	2.05	1.98	1.87	1.75	1.61	1.43
∞	7.88	5.30	4.28	3.72	3.35	3.09	2.90	2.74	2.62	2.52	2.43	2.36	2.29	2.24	2.19	2.14	2.06	2.00	1.95	1.90	1.86	1.79	1.67	1.53	1.36	1.00

索引

Symbols
- χ^2 分布 120, 142, 188
- $\mathcal{F}$-可測 29
- $\mathcal{F}$-可測集合 29
- σ-加法族 29
- σ-集合体 29
- 2 次元正規分布 92
- 2×2 分割表 144
- F 分布 150, 190–193
- n 次元正規分布 91
- t 分布 121, 189

B
- Bayes の定理 31

D
- DeMoivre-Laplace の定理 113

E
- Euler の公式 51

F
- F 値 173

P
- P 値 175

ア
- 一様分布 65

ウェルチの検定 157

カ
- 回帰直線 18, 20, 23
- 回帰平方和 173
- 階級 10
- 階級値 10
- 確率 30
- 確率空間 30
- 確率収束 111
- 確率測度 30
- 確率変数 34
- 確率密度関数 37
- 仮説検定 130
- 可測 29
- 可測空間 29
- 可測集合 29
- 片側検定 133
- 間隔尺度 8
- 完全加法性 30
- 幾何分布 64
- 棄却 130
- 棄却域 132
- 危険率 130
- 記述統計 4
- 期待値 40, 89

帰無仮説 129, 130	推測統計 4
共通部分 28	正規分布 67, 91, 92
共分散 16, 89	精度 175
寄与率 175	積率 47
空事象 29	説明変量 9, 163
区間推定 123	全事象 29
クロス集計表 143	全集合 28
決定係数 175	全体集合 28
元 28	相関行列 170
原データ 4	相関係数 18, 23, 89, 166
	相対度数 9
	相対累積度数 9

サ

最小 2 乗法 20	
採択 131	
最頻値 11, 12	
残差 20	
残差平方和 173	
散布度 11	
事象 29	
指数分布 71	
質的変量 8	
重回帰式 163, 170	
集合 28	
集合族 29	
重相関係数 175	
自由度 120, 121, 150, 173	
自由度調整済み決定係数 175	
周辺確率分布 78	
周辺確率密度関数 78	
順序尺度 8	
条件付き確率 31	
信頼区間 123	

タ

第一義統計 4
第 1 種の誤り 133
大数の法則 110
第二義統計 4
第 2 種の誤り 133
代表値 10, 12, 16
対立仮説 129, 130
互いに独立 80, 90
チェビシェフ 100
中央値 10, 12
中心極限定理 111
定性的 3
定量的 3
データ 3
適合度の検定 142
統計量 114
同時確率分布 78
同時確率密度関数 78

同時分布関数 83
等分散性 152
等分散性の検定 152–154
特性関数 50
独立 32, 80
独立性の検定 144
度数 9
度数分布表 9

ナ

二項分布 55
ノン・パラメトリック 99

ハ

パラメトリック 99
範囲 11
左片側検定 133
非復元抽出 81
標準化 68
標準正規分布 67, 187
標準偏差 11, 12, 16, 41
標本 114
標本空間 29
標本分散 114
標本平均 114
比率尺度 8
比例尺度 8
復元抽出 81
不偏推定量 117
不偏分散 114
分割表 143
分散 11, 12, 16, 41, 89
分散共分散行列 165

分散共分散表 165
分散分析表 172, 174
分布関数 35
平均値 10, 12, 16
平均偏差 11
偏回帰係数 163, 170
偏差平方和 173
変量 8
法則収束 111
補集合 28
母集団 114
母集団分布 114
母数 114
母分散 114
母平均 114
ポワソン分布 59

マ

右片側検定 133
無記憶性 74
名義尺度 8
メディアン 10, 12
モード 11, 12
モーメント 47
モーメント母関数 47
目的変量 9, 163

ヤ

有意水準 130
要素 28
余事象 29

ラ

離散型 9, 37

両側検定 133
量的変量 8
累積度数 9
レンジ 11
連続型 10, 37

ワ

和集合 28

《著者紹介》

星 野 満 博（ほしの みつひろ）
　（群馬県に生まれる）
　1998年　新潟大学大学院自然科学研究科
　　　　　物質科学専攻(数理科学)博士課程修了
　現　在　秋田県立大学システム科学技術学部
　　　　　経営システム工学科准教授
　　　　　博士(理学)

西﨑 雅仁（にしざき まさひと）
　（福井県に生まれる）
　1985年　立命館大学経営学部卒業
　1990年　滋賀大学大学院経済学研究科経営学専攻修了
　現　在　福井県立大学経済学部経営学科教授

数理統計の探求
──経営的問題解決能力の開発と論理的思考の展開──

| 2008年2月20日　初版第1刷発行 | ＊定価はカバーに |
| 2012年4月15日　初版第2刷発行 | 表示してあります |

著者の了解により検印省略	著　者	星　野　満　博 ©
		西　﨑　雅　仁
	発行者	上　田　秀　樹
	印刷者	出　口　隆　弘

発行者　株式会社　晃 洋 書 房
〒615-0026　京都市右京区西院北矢掛町7番地
　　　　　　電話　075(312)0788番(代)
　　　　　　振替口座　01040-6-32280

印刷・製本　㈱エクシート

ISBN978-4-7710-1945-4